TRAITÉ
D'ARITHMÉTIQUE

COMMERCIALE

PRÉCÉDÉ

DE L'EXPOSITION COMPLÈTE DU SYSTÈME MÉTRIQUE
ET DU CALCUL DES NOMBRES COMPLEXES

Contenant

DES MODÈLES DE COMPTES-COURANTS D'INTÉRÊT

DES TABLEAUX DES MONNAIES ET MESURES ÉTRANGÈRES
ET DE NOMBREUX PROBLÈMES A RÉSOUDRE

PAR G. BOVIER-LAPIERRE

Professeur de mathématiques
à l'École normale d'enseignement secondaire spécial de Cluny

OUVRAGE RÉDIGÉ CONFORMÉMENT
aux programmes officiels de 1866
POUR L'ENSEIGNEMENT SECONDAIRE SPÉCIAL
(DEUXIÈME ANNÉE)

PARIS

LIBRAIRIE DE L. HACHETTE ET CIE

BOULEVARD SAINT-GERMAIN, N° 77

1869

TRAITÉ

D'ARITHMÉTIQUE COMMERCIALE

AUTRES OUVRAGES DE M. G. BOVIER-LAPIERRE

A LA MÊME LIBRAIRIE

L'arithmétique simplifiée, ou Traité d'arithmétique à l'usage des écoles primaires, des pensionnats de demoiselles, et de l'année préparatoire de l'enseignement spécial. 2ᵉ édition. In-18 jésus, cart. . **1 fr. 25**

Arithmétique à l'usage de l'enseignement spécial (année préparatoire et première année). In-18 jésus cart. . . . . **2 fr. 50**

Traité élémentaire de trigonométrie rectiligne, rédigé sur un plan nouveau pour l'enseignement secondaire spécial et les classes de mathématiques élémentaires. In-8, broché. . . . . **2 fr. 50**

Cours élémentaire de cosmographie, à l'usage de l'enseignement spécial et de tous les établissements d'instruction publique. In-8 autographié. . . . . **2 fr. 50**

Traité élémentaire des approximations numériques. In-18. 1 fr. 25

Cours de géométrie élémentaire. Cet ouvrage est suivi d'un Traité des courbes usuelles pour l'enseignement spécial. 1 vol. in-18. 2 fr.

PARIS. — IMP. SIMON RAÇON ET COMP., RUE D'ERFURTH, 1.

TRAITÉ
D'ARITHMÉTIQUE COMMERCIALE

PRÉCÉDÉ

DE L'EXPOSITION COMPLÈTE DU SYSTÈME MÉTRIQUE

ET DU CALCUL DES NOMBRES COMPLEXES

Contenant

DES MODÈLES DE COMPTES-COURANTS D'INTÉRÊT

DES TABLEAUX DES MONNAIES ET MESURES ÉTRANGÈRES

ET DE NOMBREUX PROBLÈMES A RÉSOUDRE

PAR

G. BOVIER-LAPIERRE

PROFESSEUR DE MATHÉMATIQUES

A l'École normale d'enseignement secondaire spécial de Cluny

OUVRAGE RÉDIGÉ CONFORMÉMENT

aux programmes officiels de 1866

POUR L'ENSEIGNEMENT SECONDAIRE SPÉCIAL

DEUXIÈME ANNÉE

PARIS

LIBRAIRIE DE L. HACHETTE ET Cᴵᴱ

BOULEVARD SAINT-GERMAIN, Nº 77

1869

PRÉFACE

Outre la simplicité et la clarté qui sont les qualités essentielles de tout livre classique, et surtout d'un livre destiné à l'enseignement spécial, un traité d'*arithmétique commerciale* doit avoir encore un autre mérite, celui de reproduire fidèlement les méthodes de calcul, telles qu'elles sont usitées dans la banque et le commerce, et de donner sur les questions de bourse mentionnées au programme de 2ᵉ année des notions d'une exactitude précise.

Je n'aurai pas la vanité de prétendre que, dans cet ouvrage, j'ai parfaitement rempli la première partie de cette double tâche ; c'est aux maîtres et aux élèves à prononcer. Quant à la seconde, j'ose croire qu'elle ne laisse rien à désirer. Un banquier apprécié pour ses connaissances au tribunal de commerce d'une ville industrielle importante et un agent de change ont bien voulu examiner mon travail, et me communiquer leurs observations. J'ai tiré de leurs conseils autant de profit qu'ils ont mis de complaisance à me les donner : je leur en exprime ici tous mes remercîments.

Relativement aux opérations de Bourse, j'ai cru devoir me renfermer strictement dans l'énoncé du programme, et ne pas entrer dans des développements qui appartiendraient plutôt à des ouvrages spéciaux qu'à un traité d'arithmétique. D'un autre côté, il m'a semblé indispensable de faire précéder ce livre d'une exposition complète du système métrique et de courtes notions sur les anciennes mesures et les calculs qui s'y rapportent. Un chapitre où j'ai résumé, conformément aux indications du programme, les règles des principales opérations, ne sera pas sans avantage pour la révision par laquelle doit commencer le cours. Il est complété par les opérations abrégées et les principes au moyen desquels il est facile de déterminer le degré d'exactitude d'un résultat. C'est un point sur lequel les auteurs n'insistent peut-être pas assez.

Par l'étendue donnée à des questions importantes et par les tableaux qui terminent cet ouvrage, j'espère qu'il pourra rendre quelques services, même en dehors des classes du collége.

TABLE DES MATIÈRES

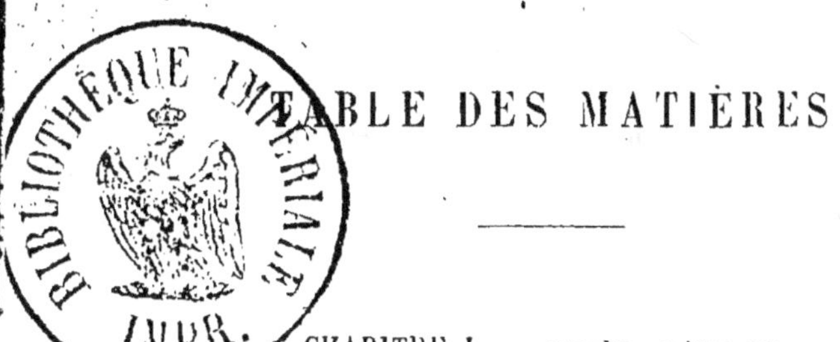

CHAPITRE I. — SYSTÈME MÉTRIQUE.

CHAPITRE II. — ANCIENNES MESURES.

CHAPITRE III. — RÉSUMÉ DES RÈGLES DU CALCUL.

CHAPITRE IV. — RÉSOLUTION DES PROBLÈMES.

CHAPITRE V. — CALCUL DE L'INTÉRÊT ET DE L'ESCOMPTE.

TABLE DES MATIÈRES

CHAPITRE VI. — FONDS PUBLICS. — MARCHÉS DE BOURSE.

CHAPITRE VII. — RÈGLES DE SOCIÉTÉ.

CHAPITRE VIII. — PARTAGE D'UN NOMBRE PROPORTIONNELLEMENT A DES NOMBRES DONNÉS.

CHAPITRE IX. — MOYENNES ET MÉLANGES.

CHAPITRE X. — MÉTAUX PRÉCIEUX ET MONNAIES.

APPENDICE

CHAPITRE PREMIER

SYSTÈME MÉTRIQUE

1. Établissement du système métrique. — Le système métrique est l'ensemble des mesures qui ont le *mètre* pour base. Il fut établi par suite d'un décret du 8 mai 1790 de l'Assemblée Constituante, pour remplacer les anciennes mesures, dont la confusion était une source de difficultés dans les transactions commerciales. Une commission composée de membres de l'Académie des sciences, Borda, Lagrange, Laplace, Monge et Condorcet, décida de prendre pour unité de longueur la dix-millionième partie du quart du méridien terrestre, de rapporter le poids des corps à celui de l'eau distillée, et d'assujettir les mesures à la division décimale. La Convention adopta leur projet le 18 germinal an III (7 avril 1795), et fit procéder immédiatement à la mesure de l'arc de méridien qui traverse la France en passant par Paris. Cette grande opération, confiée aux astronomes Méchain et Delambre, fut terminée en 1798, et l'année suivante les étalons du mètre et du kilogramme en platine furent déposés aux Archives.

Ce système n'est devenu obligatoire en France que depuis le 1er janvier 1840. Il a été adopté en Belgique, en Suisse, en Italie, en Grèce, en Portugal, en Hollande, et dans quelques États de l'Amérique du Sud ; il est autorisé depuis 1864 en Angleterre.

2. Du méridien. — La terre est une immense sphère ; les inégalités que forment les montagnes à sa surface sont aussi peu de chose, en raison de son étendue, que des grains de sable qui seraient adhérents à la surface d'une boule. Elle tourne sur elle-même dans l'espace de 24 heures, comme autour d'une ligne droite qui la traverserait par son centre. Cette droite imaginaire est l'*axe* de la terre ; les deux points où l'axe perce la surface de la terre sont les deux *pôles* : l'un est appelé *pôle nord*, et l'autre *pôle sud*.

Le *méridien* est une circonférence qui environne la terre en passant par les deux pôles. Les géographes imaginent autour de la terre 180 méridiens qui se croisent aux deux pôles, et se partagent ainsi en 360 demi-méridiens allant d'un pôle à l'autre, et séparés par des intervalles égaux. Les lignes qui sont tracées de haut en bas dans les cartes géographiques représentent des méridiens, quand la carte est une mappemonde (fig. 1), et des portions de méridiens dans les cartes particulières. Les méridiens sont comptés à droite et à gauche de celui qui passe à Paris ; on l'appelle pour cette raison *premier méridien*.

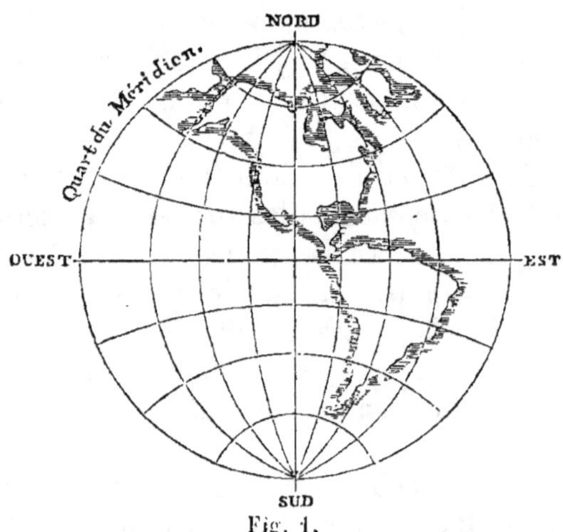

Fig. 1.

L'*équateur* est une circonférence qui environne la terre en passant à égale distance des deux pôles. Les demi-méridiens, qui unissent les deux pôles sont coupés par l'équateur en deux parties égales ; ainsi la partie du méridien qui va de l'équateur au pôle est le quart du méridien.

Les calculs de Méchain et Delambre évaluèrent la longueur de ce quart du méridien à 5130740 toises (*), et ce fut la dix-millionième partie de cette longueur qui fut adoptée pour la nouvelle unité, et appelée *mètre*, d'un mot grec qui signifie *mesure*.

3. Espèces de mesures composant le système métrique. — Ce système contient des mesures de six espèces : 1° des mesures de *longueur* ; 2° des mesures de *surface* ; 3° des mesures de *volume* ; 4° des mesures de *capacité* ; 5° des mesures pour le *poids* ; 6° des mesures pour la *monnaie*.

Tous les élèves ont l'idée d'une longueur, d'un poids et d'une monnaie ; mais il ne sera pas inutile d'expliquer ce que c'est qu'une surface et un volume.

La surface d'un corps est l'espace occupé par ce corps en longueur et en largeur. Ainsi, quand on parle de la surface d'une table, d'un champ, il n'est question que de l'étendue de cette table, de ce champ en longueur et en largeur, sans tenir compte de l'épaisseur. Toutes les surfaces ne sont pas *planes* comme celle d'une table, d'un mur ; il y a aussi des surfaces *courbes*, comme celle d'un tuyau, d'une boule.

On appelle *carré* une figure plane formée par quatre lignes droites égales et perpendiculaires l'une à l'autre ; tel serait le feuillet d'un livre, si sa longueur était égale à sa largeur. On dit que deux lignes droites sont *perpendiculaires* entre elles, quand l'une ne penche pas plus à droite qu'à gauche sur la seconde prolongée indéfiniment.

Le volume d'un corps est l'espace occupé par ce corps en longueur, en largeur et en hauteur. Lorsqu'il s'agit du volume intérieur d'un corps creux, on l'appelle *capacité* ; ainsi on dit le volume d'un tas de pierres, la capacité d'un bassin.

On appelle *cube* un corps formé par six carrés égaux. Une boîte, une caisse dont les six faces sont carrées et égales sont des cubes. La longueur est égale à la largeur et à la hauteur. Les

(*) Primitivement on employa comme unité la hauteur d'un homme de grande taille ; cette unité, d'abord un peu vague, fut ensuite fixée d'une manière plus précise et devint la toise.

douze lignes sur lesquelles se joignent les faces sont les arêtes du cube.

4. Mesures du temps et de la circonférence. — Avec le système métrique, on forma aussi des unités décimales pour la mesure du temps et de la circonférence; mais leur usage ne put s'établir, et on dut revenir aux anciennes mesures. Ainsi le *jour*, comprenant la durée d'un jour et d'une nuit, est toujours divisé en 24 *heures*, l'*heure* en 60 *minutes*, et la *minute* en 60 *secondes*.

Toute circonférence est divisée en 360 parties égales appelées *degrés*; chaque degré se divise en 60 parties égales appelées *minutes*, et chaque minute en 60 parties égales appelées *secondes*. Il ne faut pas confondre les minutes et les secondes de circonférence avec les minutes et les secondes de temps. Le degré est indiqué par ce signe °; la minute par ′ et la seconde par ″. Ainsi 23° 14′ 36″ signifient 23 degrés 14 minutes 36 secondes. Quand on dit qu'un arc de circonférence contient 23°14′, cela veut dire qu'il contient 23 fois la 360e partie de la circonférence, et 14 fois la 60e partie de la 360e partie de la circonférence.

La géométrie apprend que, *pour avoir la longueur d'une circonférence, quand on connaît le diamètre, il suffit de multiplier le diamètre par* 3,14159...., *ou plus simplement par* 3,1416 (*).

5. Mesures principales du système métrique. — Les mesures principales sont :

1º le *mètre* pour les longueurs ;

2º le *mètre carré* pour les surfaces peu considérables, comme celle d'un plancher, et l'*are* pour la surface des champs;

3º le *mètre cube* pour le volume des corps : il prend le nom de *stère*, quand il s'agit du volume du bois de chauffage;

4º le *litre* pour la capacité d'un vase, d'un bassin, etc.;

5º le *gramme* pour le poids des corps ;

6º le *franc* pour la monnaie.

Le *mètre* est une longueur égale à la dix-millionième partie du

(*) Ce nombre est toujours représenté par la lettre grecque π (*pi*).

quart du méridien terrestre ; il est contenu 40 millions de fois dans le tour de la terre.

Le *mètre carré* est un carré dont les côtés ont 1 mètre ; l'*are* est un carré dont les côtés ont 10 mètres.

Le *mètre cube* est un cube qui a 1 mètre sur chacune de ses trois dimensions.

Le *litre* est la contenance de 1 décimètre cube, c'est-à-dire d'un cube creux qui aurait intérieurement un dixième de mètre en longueur, en largeur et en profondeur.

Le *gramme* est le poids de l'eau distillée qui remplirait 1 centimètre cube, c'est-à-dire un petit cube qui aurait intérieurement un centième de mètre en longueur, en largeur et en profondeur. Cette eau doit être à la température de 4 degrés du thermomètre centigrade (*).

Le *franc* est la valeur d'une pièce d'argent qui pèserait 5 grammes, et qui contiendrait la dixième partie de son poids en cuivre.

6. Multiples et subdivisions des mesures principales. — Une seule mesure de chaque espèce n'étant pas suffisante, on en a établi de plus grandes qui valent 10 fois, 100 fois,

---

(*) L'eau des sources n'est pas de l'eau pure ; car elle contient des matières qu'elle prend dans les terrains où elle passe, et qui forment peu à peu une couche au fond des vases qui ne sont pas fréquemment nettoyés. La nature et la quantité de ces matières étant variables, un centimètre cube d'eau pris en divers lieux n'a pas partout le même poids. C'est pour cette raison qu'on a adopté l'eau distillée pour la détermination du gramme.

Mais un centimètre cube d'eau distillée n'a pas non plus un poids invariable. En effet, tous les corps augmentent de volume quand ils s'échauffent, et se contractent quand ils se refroidissent. Si donc l'eau qui remplit un centimètre cube était chauffée, en se dilatant elle ne pourrait plus être contenue dans le petit vase si celui-ci n'éprouvait pas lui-même une dilatation, et se répandrait par-dessus les bords, sans qu'il cessât d'être plein. Par conséquent le centimètre cube d'eau chaude pèse moins que le centimètre cube d'eau froide.

Pour que le gramme fût un poids partout le même, on convint de prendre le centimètre cube d'eau distillée à la température de 4 degrés, marquée par un thermomètre centigrade qui y serait plongé. A cette température l'eau pèse plus qu'à toute autre ; c'est ce qu'on exprime en disant qu'elle est à son *maximum de densité*.

1000 fois et 10000 fois l'unité principale, et de plus petites qui en sont la 10e, la 100e, la 1000e partie.

La 10e partie, la 100e partie, la 1000e partie de l'unité principale sont désignées par les mots *déci*, *centi*, *milli* suivis du nom de cette unité. Ainsi *décimètre*, *centilitre*, *milligramme* signifient dixième de mètre, centième de litre, millième de gramme.

On désigne les mesures plus grandes que l'unité principale, en mettant devant le nom de cette unité les mots grecs *déca*, *hecto*, *kilo*, *myria*, qui signifient dix, cent, mille, dix mille. Ainsi *décalitre*, *hectare*, *kilomètre*, *myriagramme* signifient une dizaine de litres, une centaine d'ares, mille mètres, dix mille grammes. Ces noms ne sont tous employés qu'avec le mètre et le gramme, et même myriagramme est peu usité; on dit de préférence dix kilogrammes.

Pour les surfaces agraires on n'emploie avec l'are que l'hectare et le centiare. Comme mesures de capacité, il n'y a que le litre, l'hectolitre, le décalitre, le décilitre et le centilitre. Avec le stère, on emploie le décistère seulement. Avec le franc l'usage a adopté les mots *décime* et *centime*, pour désigner le dixième et le centième du franc.

7. Manière d'écrire les nombres exprimant des unités métriques. — Les multiples et les subdivisions de chaque mesure principale du système métrique n'étant autre chose que des dizaines, des centaines, des mille, des dizaines de mille; des dixièmes, des centièmes et des millièmes de l'unité principale, il n'y a aucune difficulté pour écrire un nombre contenant ces unités. Il suffit de se rappeler que *myria* signifie dizaine de mille; *kilo*, mille, etc.

Ainsi pour 3 kilomètres 25 mètres, on écrira 3025 mètres, et si on veut regarder le kilomètre comme unité, on aura $3^{km},025$. De même pour 6 hectolitres 48 centilitres, on écrira $600^{lit},48$, ou si l'on veut conserver l'hectolitre pour unité, on aura $6^{hl},0048$.

8. Mesures réelles. — Pour la commodité du commerce, la loi a permis que chaque unité métrique ait son double et sa moitié. Ainsi les marchands pour mesurer les étoffes ont un mètre, et un demi-mètre ; pour les petites longueurs, il y a des règles égales à un décimètre et à un double décimètre.

Les mesures réelles sont soumises à la visite d'un *vérificateur des poids et mesures*, et ne peuvent avoir d'autre forme que celle qui a été déterminée par la loi.

9. Avantages des mesures métriques. — Les nouvelles mesures présentent un grand avantage sur les anciennes, qui exigeaient des calculs fort ennuyeux, surtout dans la multiplication et la division. L'exemple suivant le montrera clairement.

PROBLÈME 1. — *Un menuisier a posé une boiserie dans un appartement dont le tour a 7 toises 5 pieds 9 pouces ; quelle somme recevra-t-il, le prix étant de 4 francs la toise courante, c'est-à-dire en ne considérant que la longueur ?*

La toise, ancienne unité de longueur, se divisait en 6 pieds, et le pied en 12 pouces.

7 toises coûteront . . . . $4^{\mathrm{fr}} \times 7 = 28^{\mathrm{fr}}$

5 pieds ou $\dfrac{5}{6}$ de toise coûteront $\quad 4^{\mathrm{fr}} \times \dfrac{5}{6} = \dfrac{20^{\mathrm{fr}}}{6} = 3\dfrac{2}{6}$

Le pouce étant la 12e partie du pied, et par conséquent la 72e partie de la toise,

9 pouces ou $\dfrac{9}{72}$ de toise coûteront $\quad 4^{\mathrm{fr}} \times \dfrac{9}{72} = \dfrac{36^{\mathrm{fr}}}{72} = \dfrac{1}{2}$

La somme cherchée est donc $31^{\mathrm{fr}} + \dfrac{2}{6} + \dfrac{1}{2}$, ou $31^{\mathrm{fr}}\dfrac{5}{6}$.

Résolvons la même question avec les nouvelles mesures. Évalué en mètres, le tour de l'appartement est égal à $15^{\mathrm{m}},51$; d'un autre côté le prix du mètre serait $2^{\mathrm{fr}},05$. Pour avoir la somme demandée, il n'y a qu'à multiplier $2^{\mathrm{fr}},05$ par $15,51$, ce qui donne $31^{\mathrm{fr}},79$.

Entre ce résultat et le précédent il y a une petite différence ; car $\dfrac{5}{6}$ de franc valent 83 centimes. Cela vient de ce que le nombre de mètres $15,51$ et le nombre de francs $2^{\mathrm{fr}},05$ sont un peu trop faibles.

On verra plus loin comment on peut convertir les anciennes mesures en nouvelles (voir chapitre II, page 24).

MESURES DE LONGUEUR.

10. Mesures réelles. — Pour mesures réelles de longueur, on emploie le décimètre, le double décimètre, le demi-mètre, qui sont des règles divisées en centimètres et en millimètres ; le mètre formé d'une seule règle, ou de dix parties égales qui peuvent se replier les unes sur les autres (fig. 2); le double mètre, le demi-décamètre ; le décamètre et le double décamètre, qui sont les longueurs données aux chaînes d'arpenteur.

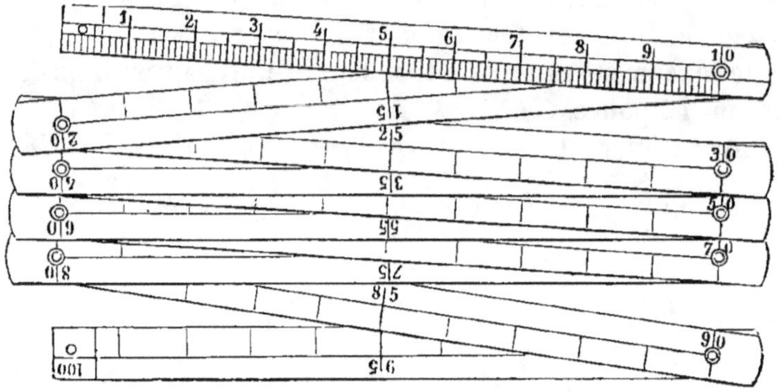

Fig. 2.

Mesures itinéraires. — Le kilomètre et le myriamètre servent à évaluer les grandes distances sur les routes ; c'est pour cela qu'on les appelle *mesures itinéraires*. Les kilomètres y sont marqués par des bornes en pierres, séparées par des intervalles de 1000 mètres. On trouve même sur les routes importantes les hectomètres marqués par des bornes plus petites. On compte plus souvent par kilomètres que par myriamètres. Un homme marchant d'un pas soutenu fait environ 5 kilomètres par heure.

Il y a d'autres mesures itinéraires très-usitées, quoiqu'elles ne rentrent pas dans la nomenclature des unités métriques, par exemple la *lieue*.

La lieue était la 25ᵉ partie de la longueur d'un arc de 1 degré du méridien.

Or le quart du méridien (arc de 90°) ayant 10000000^m,

un arc de 1° contient . . $\dfrac{10000000}{90} = 111111^m$,

et la lieue est égale à . . . $\dfrac{111111}{25} = 4444^m,44$.

Mais on a adopté l'usage de ne compter que 4 kilomètres pour la lieue.

Mesures marines. — La *lieue marine* est la 20ᵉ partie du degré du méridien ; elle contient 5555 mètres.

Le *mille*, désigné aussi par le nom de *nœud*, est la 60ᵉ partie de la longueur d'un degré du méridien. En d'autres termes, c'est la longueur d'un arc de 1 minute; il est équivalent à 1852 mètres.

La *brasse* est de $1^m,624$; l'*encâblure*, de 200 mètres.

MESURES DE SURFACE.

11. Subdivisions du mètre carré. — Mesurer une surface, c'est chercher combien elle contient de mètres carrés, de décimètres carrés, de centimètres carrés et de millimètres carrés.

Le mètre carré est un carré dont les côtés ont 1 mètre; le décimètre carré est un carré dont les côtés ont 1 décimètre. De même le centimètre carré et le millimètre carré sont des carrés dont les côtés ont 1 centimètre, 1 millimètre.

Le mètre carré contient 100 décimètres carrés ; le décimètre carré contient 100 centimètres carrés, et le centimètre carré contient 100 millimètres carrés.

En effet, supposons que la figure ABCD (fig. 3) représente un mètre carré. Divisons ses quatre côtés en 10 parties égales, qui auront par conséquent 1 décimètre de longueur. Menons ensuite entre les côtés opposés des droites qui unissent les points de division correspondants. Le mètre carré se trouve ainsi décomposé en 100 carrés ayant tous 1 décimètre de côté ; donc *le décimètre carré est la 100ᵉ partie du mètre carré.*

En regardant le carré ABCD comme 1 décimètre carré, on voit que le décimètre carré contient 100 centimètres carrés ; donc

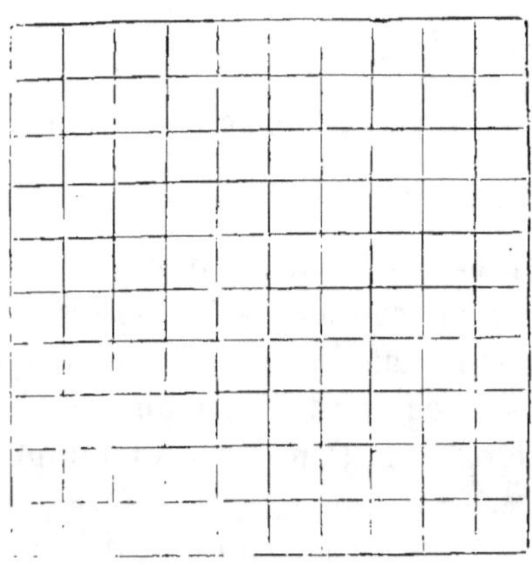

Fig. 3.

le centimètre carré est la 100ᵉ partie du décimètre carré, et par conséquent *la 10000ᵉ partie du mètre carré.*

On verrait de même que le centimètre carré contient 100 millimètres carrés ; donc *le millimètre carré est la 100ᵉ partie du centimètre carré,* et par conséquent *la 1000000ᵉ partie du mètre carré.*

12. Règle pour lire une fraction décimale de mètre carré. — *Pour lire une fraction décimale de mètre carré, on la sépare en tranches de deux chiffres à partir de la virgule, et s'il ne reste qu'un chiffre pour la dernière, on la complète par un zéro. On lit ensuite chaque tranche en disant :* décimètres carrés *après la première,* centimètres carrés *après la seconde, et* millimètres carrés *après la troisième.*

Par exemple le nombre $28^{mq},54673$ (*) se lira ainsi :

(*) L'abréviation *mq* signifie mètre carré, et plus loin *mc* signifie mètre cube.

28 mètres carrés 54 décimètres carrés 67 centimètres carrés 30 millimètres carrés.

13. Règle pour écrire un nombre exprimant des unités métriques de surface. — *Pour écrire un nombre qui exprime des mètres carrés, décimètres carrés, etc., on met une virgule à droite du nombre de mètres carrés, et on écrit le reste du nombre à la suite, de manière que le chiffre qui termine le nombre de décimètres carrés soit au second rang à droite de la virgule, celui des centimètres carrés au quatrième rang, et celui des millimètres carrés au sixième.*

Les chiffres qui manqueraient doivent être remplacés par des zéros.

Par exemple si la surface d'une table a 1 mètre carré 2 décimètres carrés et 8 centimètres carrés, on écrit : $1^{mq},0208$.

14. Surface du carré. — *Pour trouver la surface d'un carré, il suffit de multiplier la longueur du côté par elle-même.*

Le produit exprime des mètres carrés, si le mètre a été pris pour unité de longueur ; des décimètres carrés, si c'est le décimètre qui a été pris pour unité, etc.

En effet, supposons que le carré ABCD (fig. 4) ait 4 mètres de longueur. Si on divise les côtés en quatre parties égales, et qu'on joigne les points de division correspondants par des lignes droites menées entre les côtés opposés, on voit que le carré contient 4 fois 4 mètres carrés, c'est-à-dire 16 mètres carrés.

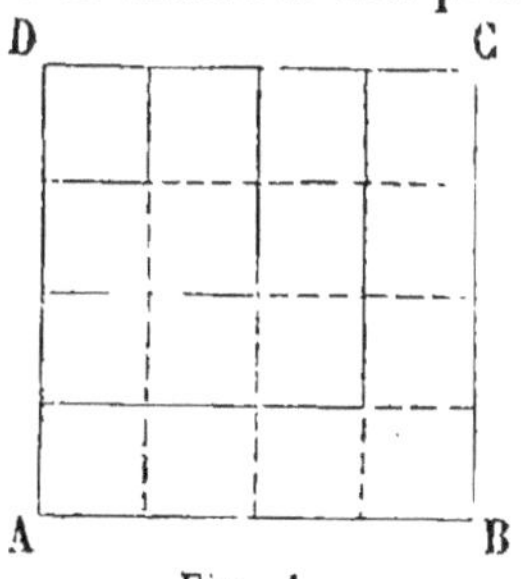
Fig. 4.

15. Surface du rectangle. — Le *rectangle* est une figure formée par quatre côtés égaux deux à deux et perpendiculaires ; il ne diffère du carré qu'en ce que la longueur et la largeur sont inégales. Cette figure est employée si fréquemment qu'il est nécessaire d'indiquer ici la manière d'en calculer la surface.

Pour trouver la surface d'un rectangle, il suffit de multiplier la longueur par la largeur.

En effet, supposons que le rectangle ABCD (fig. 5) représente un plancher ayant 5 mètres de longueur et 3 mètres de largeur.

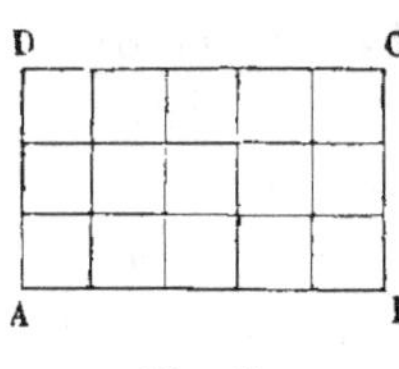

Fig. 5.

Si on mène des lignes droites comme dans le carré précédent, on trouve que ce rectangle contient 5 fois 3 mètres carrés, c'est-à-dire 15 mètres carrés. Ainsi, le nombre d'unités contenues dans le produit de 5 par 3 indique le nombre d'unités de surface contenues dans le rectangle, ce qui démontre la règle énoncée.

16. Mesures agraires. — Pour la surface des champs on emploie une unité plus grande que le mètre carré ; c'est le *décamètre carré*, c'est-à-dire un carré dont les côtés ont 10 mètres : on l'appelle *are*.

L'are contient 100 mètres carrés. Cela est évident, d'après ce qui a été dit au n° 11, si l'on regarde le carré ABCD comme ayant 10 mètres de côté. Le *centiare* n'est donc autre chose que le mètre carré, qui change de nom.

L'*hectare* contient 100 ares. C'est un hectomètre carré, c'est-à-dire un carré qui a 100 mètres de côté. La figure du n° 11 suffit encore pour le prouver, si on regarde les côtés du carré comme ayant 100 mètres ou 10 décamètres.

PROBLÈME 2. — *Calculer la surface d'un champ rectangulaire ayant une longueur de 234 mètres et une largeur de 158 mètres.*

D'après la règle du n° 15, on trouve pour la surface cherchée

$$234 \times 158 = 36972 \text{ mètres carrés.}$$

Il est facile de convertir cette surface en hectares, ares et centiares, en regardant le nombre de mètres carrés comme un nombre entier de centiares. *On sépare sur la droite du nombre deux tranches de deux chiffres. La partie qui reste à gauche exprime les hectares ; la tranche suivante, les ares ; et la dernière, les centiares.*

La surface du champ est donc 3 hectares 69 ares 72 centiares.

17. Surface d'un triangle, d'un polygone et d'un cercle.
— Pour compléter ce qui vient d'être dit sur les surfaces, nous indiquerons encore les règles pour mesurer la surface d'un triangle, d'un polygone quelconque et d'un cercle, quoiqu'elles appartiennent au cours de géométrie.

1° *Pour trouver la surface d'un triangle, il suffit de multiplier la base par la moitié de la hauteur.*

On appelle *hauteur* d'un triangle la perpendiculaire abaissée de l'un quelconque des trois sommets sur le côté opposé ; ce côté porte alors le nom de *base*.

Ainsi, pour avoir la surface d'un triangle représenté par ABC, il faudra multiplier la longueur du côté BC par la moitié de la hauteur AD (fig. 6).

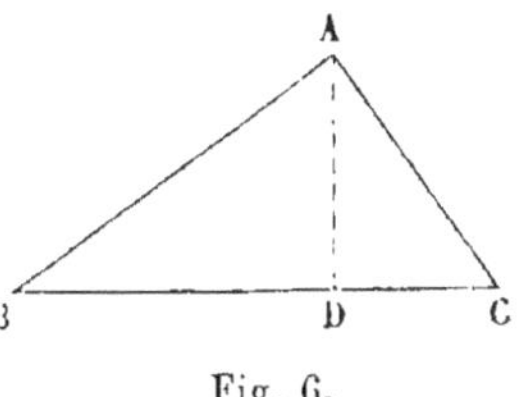

Fig. 6.

2°. *Pour trouver la surface d'un polygone quelconque, on le décompose en triangles par des diagonales ; on calcule la surface de chaque triangle, et on fait la somme de tous ces triangles.*

C'est ce que montre suffisamment la figure 7.

3° *Pour trouver la surface d'un cercle, on multiplie la longueur de la circonférence par la moitié du rayon*, ou bien *le carré du rayon par le nombre* π.

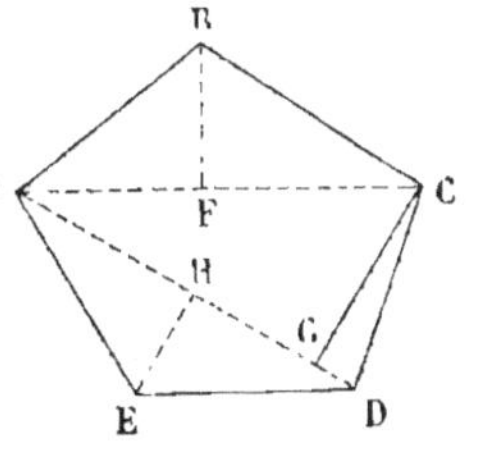

Fig. 7.

MESURES DE VOLUME.

18. Subdivisions du mètre cube. — Mesurer le volume d'un corps, c'est chercher combien il contient de mètres cubes, de décimètres cubes, de centimètres cubes et de millimètres cubes.

Le mètre cube est un cube dont les arêtes ont 1 mètre ; le décimètre cube est un cube dont les arêtes ont 1 décimètre. De même, le centimètre cube et le millimètre cube sont des cubes dont l'arête a 1 centimètre, 1 millimètre.

Le mètre cube contient 1000 décimètres cubes ; le décimètre cube contient 1000 centimètres cubes, et le centimètre cube contient 1000 millimètres cubes.

En effet, supposons qu'on ait tracé sur un plancher un mètre carré divisé par des lignes droites, comme dans la figure du n° 11, en 100 décimètres carrés. En posant un décimètre cube de bois ou de carton sur chaque décimètre carré, on forme une tranche carrée ayant 1 mètre en longueur et en largeur, 1 décimètre d'épaisseur, et composée de 100 décimètres cubes. Dix tranches pareilles posées les unes sur les autres formeront le mètre cube (fig. 8). Le mètre cube contient ainsi 10 fois 100 décimètres cubes ou 1000 décimètres cubes ; donc *le décimètre cube est la 1000ᵉ partie du mètre cube.*

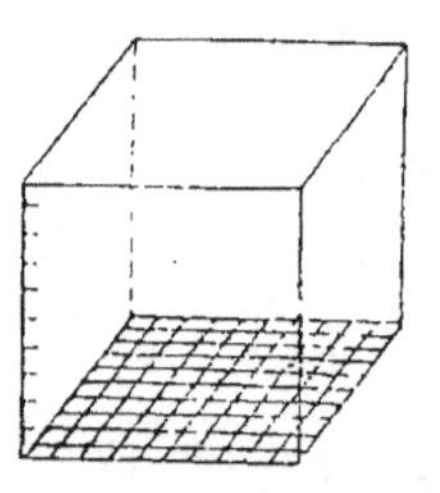

Fig. 8.

En remplaçant le mètre carré par le décimètre carré, et les décimètres cubes par des centimètres cubes, on voit que le décimètre cube contient 1000 centimètres cubes ; donc *le centimètre cube est la 1000ᵉ partie du décimètre cube.*

On verrait de même que le centimètre cube contient 1000 millimètres cubes ; donc *le millimètre cube est la 1000ᵉ partie du centimètre cube.*

19. Règle pour lire une fraction décimale de mètre cube. — *Pour lire une fraction décimale de mètre cube, on la sépare en tranches de trois chiffres, à partir de la virgule, et s'il ne reste qu'un ou deux chiffres pour la dernière, on la complète par deux zéros ou un zéro. On lit ensuite chaque tranche en disant :* décimètres cubes *après la première,* centimètres cubes *après la seconde, et* millimètres cubes *après la troisième.*

Par exemple, le nombre 12ᵐᶜ,56478 se lira ainsi :

12 mètres cubes 564 décimètres cubes 780 centimètres cubes.

20. Règle pour écrire un nombre exprimant des unités métriques de volume. — *Pour écrire un nombre qui exprime des mètres cubes, décimètres cubes, etc., on* *met une virgule à droite du nombre de mètres cubes, et on écrit le reste du nombre à la suite, de manière que le chiffre qui termine le nombre de décimètres cubes soit au troisième rang après la virgule, celui des centimètres cubes au sixième, et celui des millimètres cubes au neuvième.*

Les chiffres qui manqueraient doivent être remplacés par des zéros.

Par exemple si le volume d'une pierre taillée avait 1 mètre cube 28 décimètres cubes et 9 centimètres cubes, on écrirait $1^{mc},028009$.

21. Volume du cube. — *Pour trouver le volume d'un cube, il suffit de multiplier deux fois par elle - même la longueur de son arête.*

Le produit exprime des mètres cubes, si c'est le mètre qui a été pris pour unité de longueur; des décimètres cubes, si c'est le décimètre, etc.

Cette règle se trouve démontrée par les explications du n° 18.

22. Volume d'un corps à six faces rectangulaires. — Il y a beaucoup de corps dont la forme diffère seulement du cube, en ce que la longueur, la largeur et la hauteur sont inégales; tels sont un mur, une caisse ordinaire, une poutre équarrie, etc. Ces corps ont six faces rectangulaires.

Pour trouver le volume d'un corps à six faces rectangulaires, il suffit de multiplier la longueur par la largeur, et le résultat de cette multiplication par la hauteur.

Pour démontrer cette règle on n'a qu'à répéter les explications données au n° 18, en remplaçant le mètre carré par le rectangle du n° 15 (page 12), dont la surface représente 5 fois 3 décimètres carrés. Si on recouvre chaque décimètre carré d'un décimètre cube, la tranche ainsi formée contient 5 fois 3 décimètres cubes; avec quatre tranches pareilles mises les unes sur les autres on obtient un corps à six faces rectangulaires, dont le volume sera égal à. . . . . $3 \times 5 \times 4 = 60$ décimètres cubes.

23. Stère. — Le stère n'est autre chose qu'un mètre cube. Pour former un stère de bois avec des bûches de 1 mètre de longueur, on les empile à une hauteur de 1 mètre, entre deux montants verticaux séparés par un intervalle de 1 mètre.

La règle du numéro précédent servira à calculer le nombre de stères contenus dans une pile rectangulaire dont les bûches ont une longueur différente de 1 mètre.

PROBLÈME 3. — *Une pile de bois à brûler a* $3^m,4$ *de longueur et* $2^m,3$ *de hauteur; les bûches ont* $1^m,2$. *Combien contient-elle de stères?*

Le nombre demandé est

$$3,4 \times 2,3 \times 1,2 = 9^{mc},384.$$

Cette pile contient donc 9 stères et 5 décistères environ.

PROBLÈME 4. — *Quelle hauteur faut-il donner à une pile rectangulaire de bois à brûler ayant 2 mètres de longueur, et formée de bûches longues de* $1^m,3$, *pour qu'elle contienne 3 stères?*

Si les trois dimensions étaient connues, on obtiendrait le volume en multipliant 2 par 1,3, ce qui donne 2,6, et ce résultat 2,6 par la hauteur cherchée. Donc, pour avoir cette hauteur, il faut chercher le nombre qui multiplié par 2,6 donnerait 3, ce qui se fait en divisant 3 par 2,6.

$$\text{La hauteur cherchée est ainsi.} \quad \ldots \quad \frac{3}{2,6} = 1^m,15.$$

24. Volume du prisme et du cylindre. — En terminant ce qui concerne les volumes, nous indiquerons encore la règle à suivre pour calculer le volume de deux corps dont la forme se rencontre souvent : le *prisme* et le *cylindre*.

Une caisse dont le fond serait un polygone quelconque, et non pas seulement un rectangle, est un prisme. Cette dénomination s'applique à tous les corps de cette forme, qu'ils soient creux ou massifs : le fond est la *base*.

Le cylindre est une espèce de prisme dont la base est un cercle. Un rouleau, une cuve dont l'ouverture a le même diamètre que le fond sont des cylindres. Un tonneau n'est pas un cylindre, parce qu'il est plus large en son milieu qu'à ses deux extrémités.

Pour trouver le volume d'un prisme ou d'un cylindre, il

faut d'abord calculer la surface de la base, et la multiplier en-
suite par la hauteur.

Problème 4. — *Calculer le volume d'un rouleau de bois
ayant* $2^m,4$ *de longueur, et une circonférence de* $1^m,35$.

Cherchons d'abord le diamètre de la circonférence. S'il était
connu, en le multipliant par le nombre π (n° 4) on aurait 1,35 ;
donc on obtiendra le diamètre en divisant 1,35 par π, ce qui

donne. . . . . $\dfrac{1,35}{3,1416} = 0^m,42971$

Le rayon en est la moitié ou. . . . . $0^m,21485$.

La surface du cercle qui forme la base du rouleau est égale

à. . . . . $\dfrac{1,35 \times 0,21485}{2} = 0^{mq},1450237$

Le volume est donc égal à $\quad 0,1450237 \times 2,4 = 0^{mc},348$

MESURES DE CAPACITÉ.

25. Mesures réelles. — Le litre, qui est l'unité principale,
est la contenance de 1 décimètre cube.

Les mesures réelles de capacité ont toutes la forme cylindrique,
qui est plus commode ; elles se divisent en deux groupes.

1° Cinq grandes mesures, qui sont : l'hectolitre, le demi-hec-

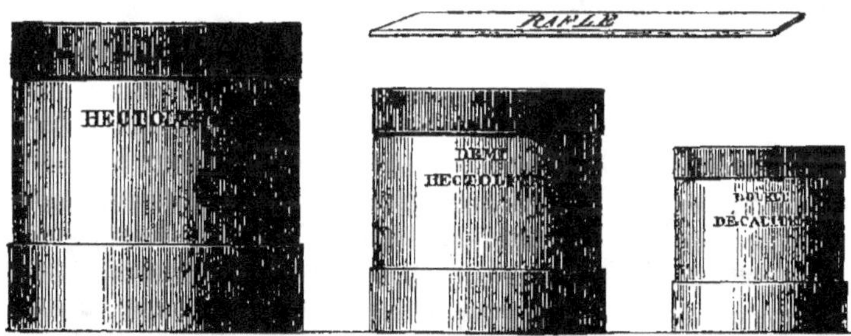

Fig. 9.

tolitre, le double décalitre, le décalitre, le demi-décalitre. Elles
ont une profondeur égale à leur diamètre ; la matière dont elles
sont formées varie avec leur usage. Celles qui sont destinées au
mesurage des grains sont en bois (fig. 9).

2° Huit petites mesures, qui sont : le litre, le décilitre, leur double et leur moitié, le centilitre et le double centilitre.

Employées pour le vin, l'eau-de-vie, etc., elles sont en étain, avec une profondeur double du diamètre (fig. 10).

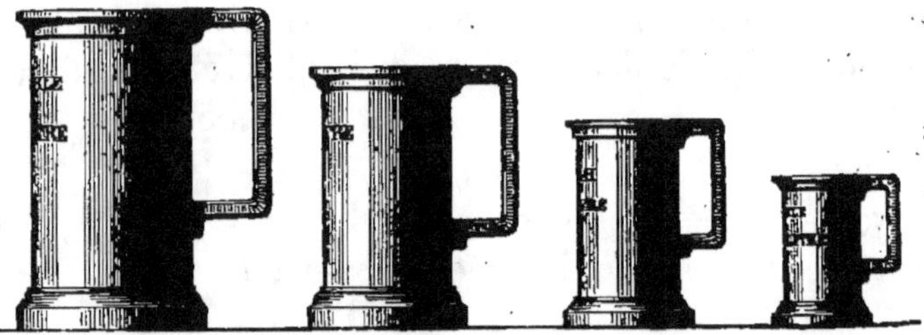

Fig. 10.

Celles qui servent pour le lait sont en fer-blanc, et leur profondeur est égale à leur diamètre.

MESURES DE POIDS.

26. Mesures réelles. — L'unité principale est le gramme, qui est le poids de 1 centimètre cube d'eau distillée à la température de 4 degrés du thermomètre centigrade; mais l'unité la plus usitée est le kilogramme.

Les poids employés avec les balances sont de trois espèces.

Fi g.11.

1° Dix poids en fonte de fer.
Ceux de 50 et de 20 kilogrammes (fig. 11).

Ceux de 10, 5, 2 et 1 kilogrammes; 5, 2, et 1 hecto-grammes; 5 décagrammes (fig. 12).

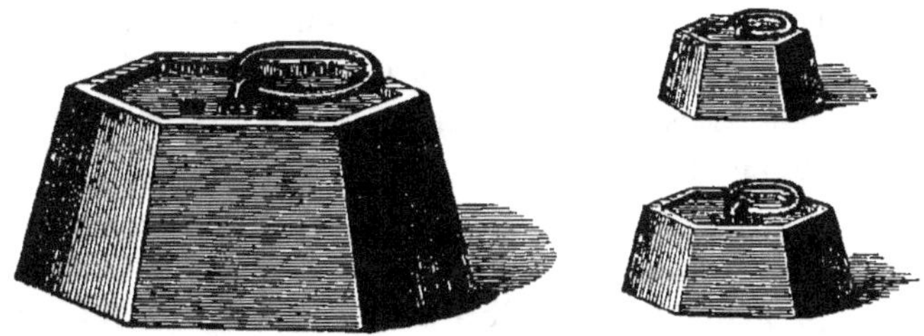

Fig. 12.

2° Quatorze poids en cuivre jaune ayant la forme d'un cylindre surmonté d'un bouton (fig. 13). Ce sont ceux de la série précédente, excepté celui de 50 kilogrammes, plus les poids de 2 et 1 décagrammes, de 1, 2 et 5 grammes.

3° Neuf poids de 5, 2 et 1 décigrammes; de 5, 2 et 1 centigrammes; de 5, 2 et 1 milligrammes (fig. 13), formés de plaques minces, à quatre ou à huit côtés, de cuivre, d'argent, ou d'un métal blanc comme l'argent et qu'on appelle *aluminium*.

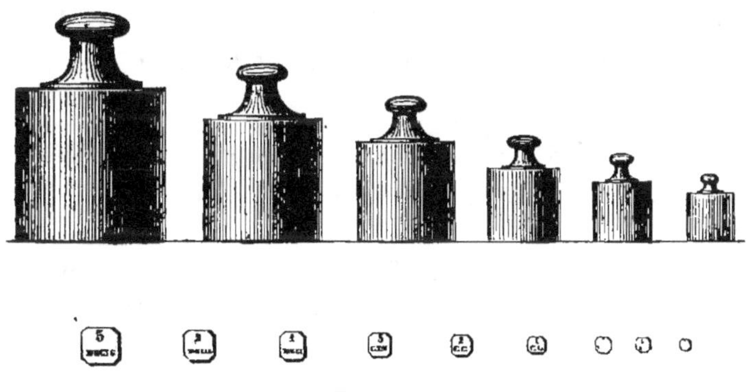

Fig. 13.

Tous ces poids ont des formes et des dimensions prescrites par des règlements administratifs.

Un poids de 100 kilogrammes est fréquemment désigné par le nom de *quintal métrique;* celui de 1000 kilogrammes par le nom de *tonne* ou *tonneau*.

27. Relation entre le poids et le volume de l'eau. — Un centimètre cube d'eau pèse 1 gramme ; par conséquent 1 litre d'eau pèse 1 kilogramme (en négligeant la température et les substances que l'eau peut contenir en dissolution). Le tonneau est le poids de 1 mètre cube d'eau.

D'après cela, il est facile de trouver la capacité d'un vase ; il suffit de chercher le poids de l'eau qui le remplit, et le nombre de grammes que pèse cette eau est aussi le nombre de centimètres cubes qui mesure la capacité du vase.

Réciproquement, on connaîtra le poids de l'eau qui remplit un vase en connaissant sa capacité. Il y aura autant de kilogrammes que de litres, ou autant de grammes que de centimètres cubes.

28. Densité. — Au moyen du volume on pourra de même connaître le poids d'un corps, sans recourir à la balance, pourvu qu'on sache d'abord ce que vaut le poids de ce corps par rapport au poids du même volume d'eau. Le nombre qui exprime ce rapport s'appelle *densité* du corps.

Problème 5. — *Calculer le poids d'une barre rectangulaire de fer, ayant 2^m,48 de longueur, 12 centimètres de largeur, et 23 millimètres d'épaisseur, la densité du fer étant 7,788.*

En prenant le centimètre pour unité de longueur, on trouve pour le volume

$$248 \times 12 \times 2,3 = 6844^{cc},8.$$

Si le fer avait le même poids que l'eau, la barre pèserait 6844 grammes 8 décigrammes ; mais la densité du fer étant égale à 7,788, le poids de la barre sera $6844^{gr},8 \times 7,788 = 53307^{gr}$.

La règle qu'on vient de suivre s'énonce ordinairement de la manière suivante : *Le poids d'un corps est égal à son volume multiplié par la densité.*

TABLEAU DES DENSITÉS DES CORPS LES PLUS USUELS

A LA TEMPÉRATURE DE 0 DEGRÉ.

Platine.	21,53	Argent fondu.	10,47
Or forgé.	19,36	Argent monnayé.	10,12
Or fondu.	19,26	Cuivre forgé.	8,95

Cuivre jaune.	8,427	Chêne.	0,808
Plomb fondu..	11,35	Sapin.	0,49
Étain.	7,29	Liége.	0,24
Zinc	7,19	Caoutchouc.	0,989
Fer.	7,788	Esprit-de-vin.	0.79
Aluminium fondu . . .	2,56	Éther.	0,715
Aluminium martelé.. .	2,67	Eau de mer.	1,026
Glace.	0,918	Vin.	0,99
Marbre	2,7	Huile d'olive. . . .	0,91
Pierre calcaire . . .	2,00	Mercure.	13,59

MONNAIES.

29. Tableau des monnaies. — Nous avons en France des monnaies d'argent, des monnaies d'or et des monnaies de cuivre.

		VALEUR	POIDS	DIAMÈTRE.
Cinq pièces d'argent.		5 francs. . .	25 grammes. . .	37 millim.
		2	10	27
		1	5	23
		50 centimes. .	2,5	18
		20	1	16
Cinq pièces d'or.		100 francs. . .	32^{gr},258.	35 millim.
		50	16, 129	28
		20	6, 4516. . . .	21
		10	3, 2258. . . .	19
		5	1, 6129. . . .	17
Quatre pièces de cuivre.		10 centimes. .	10 grammes. . .	30 millim.
		5	5	25
		2	2	20
		1	1	15

On rencontre encore la pièce d'or de 40 francs dans la circulation; mais on n'en fabrique plus.

30. Du Titre. — Les monnaies d'or et d'argent contiennent une certaine quantité de cuivre qui les rend plus dures et plus capables de résister à l'usure causée par le frottement. La fraction qui indique quelle partie le poids de l'or ou de l'argent pur (ou fin) est du poids total est le *titre* de la monnaie. On l'obtient en divisant le poids de l'or ou de l'argent fin par le poids total ; il est évalué en décimales jusqu'aux millièmes.

Le titre de nos monnaies d'or est 0,900 ; par conséquent le poids d'or fin d'une de ces pièces est seulement égal à 900 fois la millième partie du poids de la pièce, ou plus simplement 9 fois la dixième partie.

Il en était de même pour les monnaies d'argent ; mais depuis le 1ᵉʳ janvier 1869, les pièces de 5 francs seules ont encore le titre de 0,900 ; les quatre autres, tout en conservant leur ancien poids, n'ont plus que le titre de 0,835.

Or l'unité monétaire appelée *franc* est toujours la valeur d'une pièce d'argent pesant 5 grammes et qui contiendrait les 900 millièmes de son poids d'argent fin et 100 millièmes de cuivre. La pièce nouvelle de 1 franc, contenant seulement 835 fois la millième partie de son poids en argent, a donc une *valeur nominale* un peu moindre que sa *valeur intrinsèque*.

La même observation est applicable aux trois autres pièces d'argent, de 2 francs, de 50 centimes et de 20 centimes (*).

31. De la Tolérance. — Malgré la perfection des procédés de fabrication, il est bien difficile d'atteindre exactement le poids et le titre fixés par la loi ; elle tolère donc une petite différence soit en plus, soit en moins.

La tolérance accordée au titre est de 2 millièmes pour les monnaies d'or et la pièce d'argent de 5 francs ; de 3 millièmes pour les autres pièces d'argent.

La tolérance sur le poids est de 1 millième pour les pièces d'or de 100 francs et de 50 francs ; de 2 millièmes pour les pièces de 20 francs et de 10 francs ; de 3 millièmes pour les deux pièces de 5 francs soit en or, soit en argent. Pour les pièces de 2 francs et de 1 franc, elle est de 5 millièmes ; pour la pièce de 50 centimes, elle est de 7 millièmes ; pour celle de 20 centimes, elle est de 10 millièmes.

(*) Ces modifications dans le titre ont été établies par suite d'une convention en vertu de laquelle la France, la Belgique, la Suisse et l'Italie ont rendu leurs monnaies d'or et d'argent identiques pour le poids, le titre et le diamètre, de manière qu'elles ont cours légal dans ces quatre pays.

32. Rapport entre la valeur de l'or et celle de l'argent.
— Malgré les modifications apportées récemment au titre de quatre des cinq pièces d'argent, notre système monétaire reste établi sur les bases de la loi du 7 germinal an XI (28 mars 1803) qui l'avait constitué, en adoptant les dispositions déjà réglées par deux lois précédentes. A cette époque, on estimait que l'or monnayé avait une valeur 15 fois et demie plus grande que celle de l'argent monnayé au même titre (0,900). Ce rapport n'est pas invariable. En effet, depuis 1850, les mines d'or de la Californie et de l'Australie ont versé dans la circulation une quantité d'or considérable. La monnaie d'or est devenue plus abondante, et par conséquent sa valeur a baissé relativement à celle de l'argent.

Malgré les variations éprouvées par ce rapport, on le regarde encore comme égal à 15,5, et le poids d'une pièce d'or de 20 francs par exemple est encore 15 fois et demie plus petit que celui de 20 francs en argent (*).

33. Monnaie de cuivre. — La monnaie de cuivre (autrement dite monnaie de *billon*) est composée sur 100 parties de 95 parties de cuivre, 4 parties d'étain et 1 partie de zinc. Sa valeur intrinsèque est bien inférieure à sa valeur nominale.

(*) Cette question de l'abaissement de la valeur de l'or a déjà été l'objet de bien des discussions parmi les hommes compétents. Tous s'accordent à reconnaître la nécessité d'une réforme, mais diffèrent sur les moyens de la réaliser. Les uns demandent que l'or seul soit employé comme monnaie légale, à l'exemple de l'Angleterre; d'autres que ce soit l'argent, comme en Allemagne et en Hollande, tout en conservant la monnaie de l'autre métal, qui ne serait plus alors qu'une monnaie facultative.

Ce n'est pas seulement en France que cette question est débattue. Au reste tous les peuples civilisés sentent de plus en plus le besoin de mesures uniformes dans leurs relations commerciales. C'est ce qui a déterminé, à l'occasion de l'Exposition universelle de 1867, la formation d'une commission internationale, chargée d'étudier l'établissement d'un système monétaire commun.

CHAPITRE II

ANCIENNES MESURES FRANÇAISES

—

Quoique l'usage des mesures anciennes soit interdit par la loi, il est cependant utile de connaître les plus importantes, et leur rapport avec les nouvelles.

34. Mesures de longueur. — Ces mesures étaient : la *toise*, le *pied*, le *pouce*, la *ligne* et le *point*.

1 toise = 6 pieds; 1 pied = 12 pouces;
1 pouce = 12 lignes; 1 ligne = 12 points.

Il y avait encore l'*aune*, qui servait spécialement à la mesure des étoffes; elle se divisait en demies, tiers, quarts et huitièmes.

1 aune = 3 pieds 7 pouces 10 lignes 10 points.

Comme le quart du méridien a 5130740 toises, on trouve

$$1 \text{ toise} = \frac{10000000^{m}}{5130740} = 1^{m},94904;$$

$$1 \text{ pied} = \frac{1^{m},94904}{6} = 0^{m},52484;$$

$$1 \text{ pouce} = \frac{0^{m},32484}{12} = 0^{m},02707;$$

$$1 \text{ ligne} = \frac{0^{m},02707}{12} = 0^{m},002256.$$

$$1 \text{ aune} = 1^{m},18845.$$

Réciproquement on trouve

$$1 \text{ mètre} = \frac{5130740^{t}}{10000000} = 0^{t},513074$$

$$1 \text{ mètre} = 3 \text{ pieds } 11 \text{ lignes } \frac{296}{1000} \text{ de ligne.}$$

Le mètre est ainsi un peu plus grand que la demi-toise.

35. Mesures de surface. — On prenait pour ces mesures des carrés dont les côtés étaient égaux aux unités de longueur. Il y avait donc la *toise carrée*, le *pied carré*, le *pouce carré*.

1 toise carrée $= 3^{mq},7987$; 1 pied carré $= 0^{mq},1055$.

Comme mesures agraires, on employait :

la perche de Paris, carré de 18 pieds de côté ;

la perche des Eaux et Forêts, carré de 22 pieds de côté ;

l'arpent de Paris, contenant 100 perches de Paris ;

l'arpent des Eaux et Forêts, contenant 100 perches des Eaux et Forêts.

L'arpent de Paris était équivalent à un carré de 30 toises de côté.

36. Mesures de volume. — On prenait pour ces mesures des cubes dont les arêtes étaient égales aux unités de longueur. Il y avait la *toise cube*, le *pied cube*, le *pouce cube*.

1 toise cube $= 7^{mc},4039$; 1 pied cube $= 0^{mc},03428$.

Comme mesures de capacité, on employait à Paris la *pinte*, la *chopine* et le *muid* pour les liquides ; le *setier*, le *boisseau* et le *litron* pour les grains.

1 pinte $= 2$ chopines $= 92$ centilitres.

1 muid $= 264$ litres.

1 setier $= 12$ boisseaux.

1 boisseau $= 16$ litrons $= 13$ litres.

37. Poids. — Les mesures étaient la *livre*, l'*once*, le *gros* et le *grain*.

1 livre $= 16$ onces ; 1 once $= 8$ gros ; 1 gros $= 72$ grains.

On a trouvé que le kilogramme, ou poids de 1 décimètre cube d'eau distillée, au maximum de densité, et dans le vide, est égal à 18827 ^{grains},15.

1 livre $= 9216$ grains $= 489^{\text{grammes}}$,51.
1 once $= 30^{\text{grammes}}$,59.

On employait aussi le *quintal*, poids de 100 livres.

Pour les diamants l'unité était le *carat*, poids équivalent à 205 milligrammes. Il ne faut pas le confondre avec le *carat*, titre des alliages d'or. Celui-ci signifie 24e *partie*. Ainsi de l'or à 18 carats est de l'or dans lequel le poids d'or fin est égal à 18 fois la 24e partie du poids total.

38. Monnaies. — Les unités principales étaient la *livre tournois*, le *sou* et le *denier*.

1 livre $= 20$ sous ; 1 sou $= 12$ deniers.

Le sou se divisait aussi en 4 *liards*.

On a trouvé que 81 livres équivalent à 80 francs ; on a donc :

$$1 \text{ livre} = \frac{80^{\text{fr}}}{81} = 0^{\text{fr}},986$$

$$1 \text{ sou} = \frac{4^{\text{fr}}}{81} = 0^{\text{fr}},049$$

$$1 \text{ denier} = \frac{4^{\text{fr}}}{81 \times 12} = \frac{1^{\text{fr}}}{243}.$$

CALCUL DES NOMBRES COMPLEXES.

39. Nombres complexes. — Les subdivisions des anciennes mesures ne sont pas décimales ; par exemple le pied est la 6e partie de la toise ; le pouce est la 12e partie du pied, et par conséquent la 72e partie de la toise.

On appelle *nombre complexe* un nombre qui exprime une quantité évaluée en unités de diverses grandeurs qui ne sont pas, comme celles du système métrique, la 10e, la 100e partie les unes des autres. Ainsi 4 toises 5 pieds 9 pouces est un nombre complexe ; de même 65 degrés 15 minutes 38 secondes.

Ces nombres ne sont autre chose que des nombres fractionnaires dans lesquels le dénominateur est remplacé par le nom de l'unité fractionnaire. En effet, le nombre 4 toises 5 pieds 9 pouces

peut s'écrire : $4^t + \dfrac{5}{6} + \dfrac{9}{72}$.

Les calculs sur les nombres complexes ne sont pas aussi simples que sur les nombres *incomplexes* (ceux qui expriment des unités décimales) ; mais la marche des opérations est la même. Quelques exemples suffiront pour lever toute difficulté.

40. Addition. — Problème 6. — *On fait un paquet de trois objets qui pèsent : le premier, 1 livre 10 onces 6 gros ; le second, 2 livres 9 onces 7 gros ; le troisième, 4 livres 14 onces 5 gros. Quel est le poids du paquet ?*

On additionne d'abord les gros, et on trouve 18 gros qui font 2 onces 2 gros. On écrit 2 gros et on retient les 2 onces qu'on additionne avec les onces de la seconde colonne. On trouve 35 onces qui font 2 livres 3 onces ; on écrit 3 onces et on retient 2 livres qu'on additionne avec les livres de la troisième colonne, ce qui fait 9 livres.

1 ℔	10°	6ᵍʳ (*)
2	9	7
4	14	5
9 ℔	3°	2ᵍʳ

Le poids demandé est donc 9 livres 3 onces 2 gros.

41. Soustraction. — Problème 7. — *D'un arc de 58° 14′ 25″ on retranche un arc de 32° 53′ 46″ ; que reste-t-il ?*

Comme il n'est pas possible d'ôter 46″ de 25″ et 53′ de 14′, on prend 1° sur 58°. Des 60′ que vaut ce degré on prend 59′ qu'on ajoute à 14′, ce qui fait 73′ ; la minute qui reste vaut 60″ qu'on ajoute à 25″, ce qui fait 85″.

On a ainsi à retrancher 32° de 57° ; 53′ de 73′, et 46″ de 85″, ce qui donne pour reste 25° 20′ 39″.

57°	73′	85″
32	53	46
25°	20′	39″

42. Multiplication par un nombre incomplexe. — Pro-

(*) La livre (poids) est représentée par le signe ℔ abréviation du mot latin *libra*.

La livre (monnaie) est désignée par ce signe ₶.

BLÈME 8. — *L'astronomie apprend qu'entre une nouvelle lune et la suivante il y a 29 jours 12 heures 44 minutes ; au bout de combien de temps commencera la huitième nouvelle lune?*

Le temps cherché est égal à 7 fois 29^j 12^h 44^m.

On multiplie donc 44^m par 7, ce qui fait 308^m. En divisant 308 par 60, on trouve que 308^m valent 5^h 8^m. On écrit 8^m, et on retient 5^h pour les ajouter au produit suivant.

7 fois 12^h font 84^h ; 84^h et 5^h retenues font 89^h ou 3^j 17^h. On écrit 17^h et on retient 3^j qu'on ajoute à 7 fois 29^j, ce qui fait 206^j.

$$\begin{array}{rrr} 29^j & 12^h & 44^m \\ & & 7 \\ \hline 206^j & 17^h & 8^m \end{array}$$

Le temps est donc 206^j 17^h 8^m.

43. Division par un nombre incomplexe. — PROBLÈME 9. — *Un marchand a payé 359 livres 15 sous 3 liards pour 28 livres de soie ; quel est le prix de la livre?*

On divise d'abord 359^{ll} par 28, ce qui donne 12^{ll} pour quotient. Il reste 23^{ll} que l'on convertit en sous, en multipliant 23 par 20 ; au produit on ajoute les 15^s du dividende ;

$$\begin{array}{ll} 359^{ll}\ 15^s\ 3^l & \big|\ 28 \\ 79 & \overline{\ 12^{ll}\ \ 16^s\ \ 3^l} \\ 1^{er}\ \text{reste}\ 23 & \\ 20 & \\ \overline{460} + 15 = 475^s & \\ 195 & \\ 2^e\ \text{reste}\ 27 & \\ 4 & \\ \overline{108} + 3 = 111^l & \\ 3^e\ \text{reste}\ 27. & \end{array}$$

on a alors à diviser 475^s par 28, ce qui donne le quotient 16^s. Il reste 27^s que l'on convertit en liards, en multipliant 27 par 4 ; au produit on ajoute les 3^l du dividende, on a alors à diviser 111^l par 28 ce qui donne 3^l pour quotient. Il reste 27 liards qu'on pourrait convertir en deniers, en multipliant 27 par 3, ce qui fait 81 ; la division de 81^d par 28 donnerait encore 2^d au quotient.

44. Multiplication par un nombre complexe. — PROBLÈME 10. — *Combien coûteront 4 toises 5 pieds 7 pouces d'une marchandise, au prix de 2 livres 14 sous 9 deniers la toise?*

1re MÉTHODE. — On convertit chacun des deux nombres donnés en unités de la plus petite espèce.

Pour le premier, on multiplie 4 par 6, ce qui fait 24 pieds ; on y ajoute 5 pieds, ce qui fait 29 pieds ; puis on multiplie 29 par 12, ce qui donne 348 pouces. En y ajoutant les 7 pouces, on trouve

$$4^t\ 5^{pi}\ 7^{po} = 355^{po}.$$

On a aussi

$$1^t = 72^{po}.$$

On trouverait de la même manière

$$2^{tt}\ 14^s\ 9^d = 657^d.$$

Le problème proposé est ainsi ramené à celui-ci : *Combien coûteront 355 pouces d'une marchandise, le prix de 72 pouces étant 657 deniers ?* On cherche alors le prix d'un pouce, en divisant 657 par 72 et on multiplie le quotient par 355 ; on trouve 3239 deniers.

Il reste à chercher combien il y a de livres et de sous dans le nombre de deniers. Pour cela, on divise 3239 par 12 ; le quotient 299 est le nombre de sous, et il reste 11 deniers. On divise ensuite 269 par 20 ; le quotient 13 est le nombre de livres, et le reste 9 est le nombre de sous. On trouve donc

$$3239^d = 13^{tt}\ 9^s\ 11^d.$$

2° MÉTHODE DES PARTIES ALIQUOTES. — On cherche d'abord le prix de 4 toises comme au n° 42, et on trouve $10^{tt}\ 19^s\ 0^d$.

Pour avoir le prix de 5 pieds, on prend le prix de 2 pieds, qui est le tiers de celui de la toise, d'après le n° 43, et on trouve $18^s\ 3^d$; on l'écrit une seconde fois au-dessous ; puis le prix de 1 pied, en prenant la moitié de celui des 2 pieds, ce qui donne $9^s\ 1^d\ \frac{1}{2}$.

Pour le prix de 7 pouces, on cherche le prix de 6 pouces, qui est la moitié de celui de 1 pied, et le prix de 1 pouce en prenant le 6ᵉ de celui de 6 pouces. On fait ensuite la somme des produits partiels, ce qui donne $12^{tt}\ 11^s\ 3^d\ \frac{3}{8}$ pour le prix demandé.

Le tableau ci-contre montre l'ensemble des opérations.

		2^{tt}	14^s	9^d	
		4^t	5^{pi}	7^{po}	
4^t . . .		10^{tt}	19^s	0^d	
2^{pi} . .		»	18	3	
2^{pi} . .		»	18	3	
1^{pi} . .		»	9	$1\ \frac{1}{2}$	$\frac{4}{8}$
6^{po} . .		»	4	$6\ \frac{3}{4}$	$\frac{6}{8}$
1^{po} . .		»	»	$9\ \frac{1}{4}$	$\frac{1}{4}$
		12^{tt}	11^s	3^d	$\frac{3}{8}$

Remarque. — Cette marche est préférable à la précédente, et son avantage provient de ce que le nombre de pieds et le nombre de pouces ont été décomposés en parties telles que le prix de chacune se déduit du prix de la précédente, en divisant celui-ci par un nombre entier peu élevé.

Dans ce cas on dit que le nombre de pieds a été décomposé en *parties aliquotes* de la toise, et le nombre de pouces en *parties aliquotes* du pied. Ainsi on donne le nom de *parties aliquotes* à des parties telles que chacune est contenue un nombre entier de fois dans la précédente.

45. Division par un nombre complexe. — Problème 11. — *Le prix d'une livre de café étant 1 livre 15 sous 3 liards, combien aura-t-on de livres de ce café pour 25 livres 17 sous.*

Dans ce cas, on suit la première méthode employée pour résoudre le problème 10. On convertit les deux nombres en unités de la plus petite espèce, en liards, ce qui fait 143 liards pour le prix de la livre, et 2068 liards pour la somme donnée. On divise ensuite 2068 par 143 ; le quotient 14 exprime le nombre de livres. On multiplie le reste 66 par 20 pour le convertir en vingtièmes, ce qui donne 1320 ; le quotient de 1320 par 143 indique le nombre de sous, etc.

CHAPITRE III

—

Avant de traiter les problèmes dont l'étude constitue, aux termes du programme, l'arithmétique commerciale, nous croyons utile de présenter ici le résumé des règles relatives au calcul des fractions ordinaires et des principes qui permettent de se rendre compte facilement du degré d'approximation du résultat fourni par une opération effectuée sur des nombres approchés. Nous les compléterons par la multiplication et la division abrégées, dont l'emploi offre souvent un avantage réel. Pour plus de détails et pour les démonstrations, nous renvoyons à notre *Traité d'arithmétique pour l'enseignement spécial (première année)*.

FRACTIONS.

46. Conversion d'une fraction ordinaire en fraction décimale. — *Pour convertir une fraction ordinaire en fraction décimale, on divise le numérateur par le dénominateur, en mettant à la suite du numérateur autant de zéros qu'on veut avoir de chiffres décimaux.*

Cette conversion permet de se débarrasser des fractions ordinaires dans un calcul, en les remplaçant par des nombres décimaux.

47. Réduction des fractions au même dénominateur. — *1° Pour réduire deux fractions au même dénominateur, on multiplie les deux termes de chacune par le dénominateur de l'autre.*

2° Pour réduire plusieurs fractions au même dénominateur.

on multiplie les deux termes de chaque fraction par le produit obtenu en multipliant entre eux les dénominateurs de toutes les autres fractions.

3° Lorsqu'on trouve un nombre divisible par tous les dénominateurs, on le prend pour dénominateur commun. Pour cela on le divise par chaque dénominateur, et on multiplie les deux termes de chaque fraction par le quotient correspondant.

48. Addition et soustraction des fractions. — 1° Pour additionner des fractions, il faut d'abord les réduire au même dénominateur, si elles ont des dénominateurs différents ; on additionne ensuite les numérateurs, et on donne à la somme le dénominateur commun.

2° Pour soustraire deux fractions, on les réduit d'abord au même dénominateur, si elles ont des dénominateurs différents ; on retranche ensuite les deux numérateurs l'un de l'autre, et on donne à leur reste le dénominateur commun.

49. Multiplication des fractions. — 1° Pour rendre une fraction un certain nombre de fois plus grande, il faut multiplier le numérateur par ce nombre, en conservant le même dénominateur.

On peut aussi diviser le dénominateur par ce nombre, si cette division se fait exactement, et conserver le même numérateur.

2° Pour multiplier un nombre entier par une fraction, on multiplie le nombre entier par le numérateur, en conservant le même dénominateur.

3° Pour multiplier deux fractions l'une par l'autre, il faut multiplier les deux numérateurs entre eux et les deux dénominateurs entre eux.

4° Lorsque le multiplicande et le multiplicateur sont composés d'un nombre entier et d'une fraction, on convertit d'abord le nombre entier et la fraction qui l'accompagne en un nombre fractionnaire, et on a alors à multiplier une fraction par une fraction.

50. Division des fractions. — 1° Pour rendre une frac-

tion un certain nombre de fois plus petite, on multiplie le dénominateur par ce nombre, en conservant le même numérateur.

On peut aussi diviser le numérateur par ce nombre, si cette division se fait exactement, et conserver le même dénominateur.

2° Pour diviser un nombre soit entier, soit fractionnaire, par une fraction, il faut multiplier ce nombre par la fraction diviseur renversée.

3° Lorsque les deux fractions à diviser entre elles ont un dénominateur commun, le quotient est égal à une fraction qui a pour numérateur le numérateur du dividende et pour dénominateur le numérateur du diviseur.

4° Lorsque le dividende et le diviseur sont composés d'un nombre entier et d'une fraction, on convertit le nombre entier et la fraction qui l'accompagne en un nombre fractionnaire, et on a alors à diviser une fraction par une fraction.

APPROXIMATIONS.

51. Addition et soustraction. — *Dans l'addition et la soustraction de nombres approchés, l'erreur du résultat est toujours moindre que la somme des limites des erreurs de ces nombres.*

Ainsi énoncé ce principe est vrai, que les nombres soient approchés dans le même sens ou non.

52. Multiplication. — *1° Quand l'un des deux facteurs est approché, et l'autre exact, l'erreur du produit est égale à l'erreur du facteur approché multipliée par le facteur exact.*

2° Quand les deux facteurs sont approchés dans le même sens, l'erreur du produit est à peu près égale à la somme des deux produits obtenus en multipliant chaque facteur par l'erreur de l'autre.

3° L'erreur du carré d'un nombre approché est à peu près égale au double de ce nombre multiplié par l'erreur dont il est affecté.

En effet, le carré d'un nombre n'est autre chose que le produit de deux facteurs égaux à ce nombre.

4° *Lorsque dans une multiplication le multiplicateur est exact, le nombre des chiffres décimaux à employer au multiplicande est égal au nombre des chiffres décimaux qu'on veut avoir au produit, plus le nombre des chiffres de la partie entière du multiplicateur.*

5° MULTIPLICATION ABRÉGÉE. — *Pour trouver le produit de deux nombres avec une erreur moindre qu'une unité décimale donnée, on écrit le multiplicateur à rebours sous le multiplicande, en plaçant le chiffre des unités simples du multiplicateur sous le chiffre du multiplicande qui exprime des unités cent fois plus faibles que celles que doit exprimer le produit cherché, et, s'il y a alors sur la droite du multiplicateur des chiffres au-dessus desquels il n'y en ait point dans le multiplicande, on écrit des zéros au-dessus d'eux à la droite de celui-ci.*

On multiplie ensuite le multiplicande par chaque chiffre du multiplicateur de droite à gauche, en commençant au chiffre du multiplicande qui est au-dessus de celui par lequel on multiplie, sans tenir compte des chiffres qui restent à droite. On néglige aussi sur la gauche du multiplicateur les chiffres au-dessus desquels il n'y a point de chiffres dans le multiplicande. On écrit les produits partiels les uns sous les autres, en ayant soin de mettre dans la même colonne le premier chiffre à droite de tous ces produits. On fait ensuite leur somme; on supprime les deux premiers chiffres à droite du résultat, en augmentant de 1 le chiffre précédent. On a ainsi le produit cherché.

Soit par exemple à chercher, à moins de 0,1 près, le produit de 60,748341 par 27,598138. On écrit le chiffre 7 des unités simples du multiplicateur sous le chiffre 8 qui exprime dans le multiplicande des unités cent fois plus faibles que le dixième, c'est-à-dire des millièmes, et les autres chiffres du multiplicateur dans un ordre inverse. Le reste se comprend par le tableau ci-contre. Tous les produits partiels expriment des millièmes.

$$
\begin{array}{r}
6\,0,7\,4\,8\,3\,4\,1 \\
8\,3\,1\,8\,9\,5,7\,2 \\
\hline
1\,2\,1\,4\,9\,6\,6 \\
4\,2\,5\,2\,3\,6 \\
3\,0\,3\,7\,0 \\
5\,4\,6\,3 \\
4\,8\,0 \\
6 \\
\hline
1\,6\,7\,6,5\,2\,1
\end{array}
$$

On prendra pour le produit demandé 1676,6.

53. Division. — 1° *Quand le dividende est approché et le diviseur exact, l'erreur du quotient est égale à l'erreur du dividende divisée par le diviseur.*

2° Remarque. — Quand le diviseur est approché, la détermination de l'erreur du quotient ne se fait simplement qu'au moyen de ce qu'on appelle l'erreur relative. Mais on peut ordinairement y suppléer par la méthode de la division abrégée.

Division abrégée. — *Pour trouver le quotient de deux nombres avec une erreur moindre qu'une unité décimale donnée, on cherche combien le quotient aura de chiffres, et on sépare sur la gauche du diviseur une partie qui, abstraction faite de la virgule, soit au moins égale à autant de fois 9 qu'il doit y avoir de chiffres au quotient : cette partie sera le dernier diviseur de l'opération. Pour avoir le premier, on prend le dernier suivi d'autant de chiffres moins un que le quotient doit en contenir.*

On sépare sur la gauche du dividende assez de chiffres pour contenir le premier diviseur moins de 10 fois : c'est le premier dividende.

On divise ce dividende par le premier diviseur, ce qui donne le premier chiffre du quotient, et on soustrait du dividende le produit du premier diviseur par ce chiffre. On divise ensuite le reste par le diviseur précédent privé de son dernier chiffre, ce qui donne le deuxième chiffre du quotient. On soustrait du deuxième dividende le produit du deuxième diviseur par le deuxième chiffre du quotient, et on continue de la même manière, en divisant toujours le reste par le diviseur précédent privé de son dernier chiffre, jusqu'à ce qu'on ait employé le dernier diviseur.

Soit par exemple	6 8, 4 9 1 7 $\overline{2\,4}$	2, 1 4 5 5 2 $\overline{9}$
à chercher, à moins	4 1 8 6 1	5 1 9 5
de 0,01 près, le quo-	2 0 4 2 6	
tient de 68,491724	1 1 5 9	
par 2,143529.	6 9	

Le quotient aura deux chiffres à sa partie entière et deux à sa partie décimale, ce qui fait en tout quatre chiffres. Or 4 fois 9 font 56. 1 faut donc prendre 2,14 pour dernier diviseur. Le premier sera 2,14352, et 68,4917 le premier dividende. Le tableau indique suffisamment le reste de l'opération. Le quotient cherché est 31,95.

54. Racine carrée. — 1° *Pour extraire la racine carrée d'un nombre entier ou décimal, il faut d'abord mettre un zéro à la suite du nombre décimal, si le nombre des chiffres décimaux est impair.*

On décompose alors le nombre en tranches de deux chiffres à partir de la droite, la dernière pouvant n'avoir qu'un chiffre. On extrait la racine carrée du plus grand carré parfait contenu dans la première tranche à gauche, ce qui donne le premier chiffre de la racine, et on soustrait le carré de ce chiffre de la première tranche. A la droite du reste, on abaisse la deuxième tranche; on en sépare le premier chiffre qui est sur la droite par un point, et on divise ce qui reste à gauche du point par le double du chiffre écrit à la racine. Le quotient est le second chiffre de la racine, ou un chiffre trop fort. On l'écrit à droite du diviseur, et on multiplie le nombre ainsi formé par ce même chiffre. Si le produit peut être retranché du nombre composé du dividende et du chiffre qu'on avait négligé sur la droite, le quotient est le second chiffre cherché; si ce produit est plus fort, on diminue ce chiffre de 1, et on essaye ainsi, jusqu'à ce que la soustraction puisse être effectuée.

A la droite du deuxième reste, on abaisse la troisième tranche; on en sépare le dernier chiffre par un point, et on divise ce qui reste à gauche du point par le double de la racine déjà obtenue : le quotient sera le troisième chiffre de la racine, ou un chiffre trop fort. On opère pour ce troisième chiffre comme pour le second, et on continue ainsi jusqu'à ce qu'on ait employé toutes les tranches. On sépare ensuite sur la droite du résultat, au moyen d'une virgule, autant de chiffres décimaux qu'il y avait de tranches de deux chiffres dans la partie décimale du nombre proposé.

Lorsque le nombre dont on cherche la racine est entier, on le convertit en nombre décimal, en mettant sur sa droite autant de fois deux zéros qu'on veut avoir de chiffres décimaux à la racine.

2° *Pour avoir la racine carrée d'une fraction ordinaire jusqu'à une unité décimale donnée, le moyen le plus simple consiste à convertir d'abord la fraction ordinaire en une fraction décimale dont on extrait ensuite la racine carrée.*

3° D'après la règle précédente, il faudrait en convertissant la fraction ordinaire en fraction décimale obtenir autant de tranches de deux chiffres décimaux qu'on veut avoir de décimales à la racine cherchée.

Cela n'est pas absolument nécessaire ; on démontre en effet qu'*il suffit de connaître plus de la moitié des chiffres que devrait avoir le nombre décimal, à partir de la gauche, et de remplacer les suivants par des zéros.* Dans ce cas, l'erreur de la racine carrée obtenue est moindre qu'une unité du dernier chiffre. (Voy. mon *Traité élém. des approximations.*)

Par exemple, pour avoir la racine carrée de $\frac{38}{43}$ jusqu'aux millièmes inclusivement, il suffit de chercher les quatre premiers chiffres décimaux de la fraction $\frac{38}{43}$, de remplacer les deux suivants par des zéros, et d'extraire la racine, comme si ces deux zéros étaient les véritables chiffres.

55. Racine cubique. — 1° *L'extraction de la racine cubique d'un nombre s'effectue de la même manière, que le nombre soit décimal ou entier. Seulement il est nécessaire, quand il s'agit d'un nombre décimal, qu'il y ait à sa partie décimale un nombre de chiffres décimaux multiple de 3, c'est-à-dire égal à 3 ou 6 ou 9, ce qu'on fait en écrivant à sa droite un ou deux zéros.*

On décompose alors le nombre en tranches de trois chiffres à partir de la droite, la dernière pouvant n'avoir qu'un ou deux chiffres. On extrait la racine cubique (*) du plus grand cube parfait contenu dans la première tranche à gauche, ce qui

(*) Voici les cubes des dix premiers nombres entiers :

Nombres	1	2	3	4	5	6	7	8	9	10
Cubes	1	8	27	64	125	216	343	512	729	1000

donne le premier chiffre de la racine, et on soustrait le cube de ce chiffre de la première tranche. A la droite du reste, on abaisse la deuxième tranche ; on en sépare les deux premiers chiffres à droite par un point, et on divise ce qui reste à gauche du point par le triple carré du chiffre écrit à la racine. Le quotient est le second chiffre de la racine, ou un chiffre trop fort. On le place à droite du chiffre déjà écrit à la racine, et on fait le cube du nombre ainsi obtenu. Si ce cube peut être retranché du nombre formé par les deux premières tranches, le quotient est le deuxième chiffre cherché ; si ce cube surpasse ce nombre, on diminue le quotient de 1, de 2 jusqu'à ce que le cube de la racine puisse être soustrait du nombre formé par les deux tranches.

A droite du reste, on abaisse la troisième tranche ; on en sépare les deux premiers chiffres à droite par un point, et on divise ce qui reste à gauche du point par le triple du carré du nombre déjà trouvé à la racine. On s'assure si le chiffre du quotient est trop fort ou non, comme pour le second chiffre, et on continue ainsi l'opération jusqu'à ce qu'on ait employé toutes les tranches.

On sépare ensuite sur la droite du résultat, au moyen d'une virgule, autant de chiffres décimaux qu'il y avait de tranches de trois chiffres dans la partie décimale du nombre proposé.

Lorsque le nombre dont on cherche la racine cubique est entier, on le convertit d'abord en nombre décimal, en mettant sur sa droite autant de tranches de trois zéros qu'on veut avoir de chiffres décimaux à sa racine.

2° Pour avoir la racine cubique d'une fraction ordinaire jusqu'à une unité décimale donnée, le moyen le plus simple consiste à convertir d'abord la fraction ordinaire en une fraction décimale dont on extrait ensuite la racine cubique.

Comme pour la racine carrée, il suffit de connaître seulement plus de la moitié des chiffres que devrait avoir le nombre décimal, à partir de la gauche, et de remplacer les suivants par des zéros.

CHAPITRE IV

RÉSOLUTION DES PROBLÈMES

MÉTHODE DE LA RÉDUCTION A L'UNITÉ.

56. En quoi consiste la méthode de la réduction à l'unité. — Les problèmes étant extrêmement variés, il n'est pas possible d'indiquer une règle générale pour les résoudre. Mais quelque compliqués qu'ils soient, leur résolution revient toujours à additionner, soustraire, multiplier et diviser. La seule difficulté consiste à découvrir la série des opérations à effectuer, pour arriver des nombres donnés dans l'énoncé aux nombres demandés.

Or des personnes étrangères à toute instruction résolvent fréquemment une multitude de questions d'arithmétique, auxquelles les relations usuelles de la vie donnent lieu. Qu'on demande, par exemple, à un enfant combien coûteront 7 pommes à 60 centimes la douzaine. Au lieu d'aller directement du prix de 12 pommes à celui de 7 pommes, il cherche d'abord le prix d'une seule, et en remarquant que ce prix doit être la douzième partie de celui de 12 pommes, il trouve 5 centimes. Connaissant alors le prix d'une pomme, il voit que 7 pommes coûteront 7 fois 5 centimes, c'est-à-dire 35 centimes. Cette marche est à peu près celle de tout le monde; elle est le fruit de la réflexion et non de l'étude. Comme elle nous fait descendre d'un nombre d'unités plus ou moins grand à 1, pour remonter ensuite à un autre nombre d'unités, elle s'appelle *méthode de réduction à l'unité*. Elle doit être préférée à l'emploi des proportions, surtout pour les commençants ; c'est celle que nous suivrons pour résoudre la plupart des problèmes que nous aurons à traiter dans cet ouvrage.

PROBLÈME 12. — *On paye 43 francs en secondes places par le chemin de fer pour aller de Paris à Lyon ; que payera-t-on de Lyon à Marseille, la distance de ces deux dernières villes étant de 352 kilomètres, et celle de Paris à Lyon étant de 512 kilomètres ?*

Pour 512 kilomètres on paye . . . . . . 43^{fr}

Pour 1 kilomètre on payera . . . . . . $\dfrac{43^{fr}}{512}$;

Pour 352 kilomètres on payera . . . . . $\dfrac{43^{fr} \times 352}{512}$.

Le calcul peut être effectué de deux manières.

1° On divise 43 par 512 pour avoir le prix payé par kilomètre, et on multiplie le quotient par 352. Mais la division ne peut pas être faite exactement, et il ne suffirait pas de calculer le prix du kilomètre jusqu'aux centimes seulement ; car l'erreur du produit obtenu en multipliant ce quotient par 352 serait 352 fois plus grande. D'après la règle du n° 52 (4°), il faut, pour avoir le produit jusqu'aux centimes, obtenir le prix du kilomètre avec $2 + 3 = 5$ chiffres décimaux : ce prix est $0^{fr},08398$. On le multipliera par 352, et on aura pour le produit $29^{fr},56$ en supprimant tous les autres chiffres décimaux qui sont inutiles.

2° On indique seulement la division de 43 par 512, comme ci-dessus, et on multiplie la fraction par 352 en multipliant le numérateur par ce nombre. D'après cela, on effectue d'abord la multiplication de 43 par 352, et on divise ensuite le produit par 512.

Dans ce problème, la seconde méthode est plus commode ; mais la première serait préférable si on avait à calculer non pas seulement le prix d'un parcours, mais de plusieurs, par exemple de Lyon à Valence (106 kilom) ; de Lyon à Avignon (231 kilom.).

PROBLÈME 13. *Un ouvrier emploie $\dfrac{3}{4}$ d'heure pour faire les $\dfrac{5}{9}$ d'un ouvrage ; en combien de temps aura-t-il fait l'ouvrage entier ?*

Pour faire 5 neuvièmes il met . . . . . . $\dfrac{3^{\text{h}}}{4}$.

Pour 1 neuvième il mettra 5 fois moins de temps, ou $\dfrac{3^{\text{h}}}{4 \times 5}$.

Pour l'ouvrage entier il mettra 9 fois plus de temps que pour faire 1 neuvième, c'est-à-dire . . . . $\dfrac{3 \times 9}{4 \times 5} = \dfrac{27}{20} = 1^{\text{h}} \dfrac{7}{20}$.

Les $\dfrac{7}{20}$ d'heure valent 7 fois la 20e partie de 60 minutes, ou 7 fois 3 minutes, ce qui fait 21 minutes.

L'ouvrier fera l'ouvrage en $1^{\text{h}} 21^{\text{m}}$.

DE L'EMPLOI DES PROPORTIONS.

57. Rappelons d'abord la définition des proportions et leurs principales propriétés. Nous renvoyons pour les développements et les démonstrations à notre *Traité d'arithmetique pour l'enseignement spécial* (1re *année*).

Rapport. — *Le rapport de deux quantités de même nature est le nombre qui exprime combien de fois la première contient la seconde, ou combien de fois la première contient une certaine partie de la seconde.*

Ainsi le rapport entre 5 mètres et 8 mètres est $\dfrac{5}{8}$, c'est-à-dire que le premier nombre contient 5 fois la 8e partie du second.

Pour avoir le rapport de deux nombres il suffit de diviser le premier par le second.

Proportion; nombres proportionnels. — On dit que *deux quantités de même espèce sont proportionnelles à deux autres quantités aussi de même espèce, lorsque le rapport des deux premières est égal au rapport des deux dernières.*

Par exemple, si l'on suppose un train de chemin de fer marchant constamment avec la même vitesse, les espaces qu'il parcourra en 2 heures ou en 5 heures seront proportionnels à ces deux nombres d'heures. On exprime souvent cette relation d'une manière plus concise en disant que *l'espace parcouru est proportionnel au temps*.

De même, *quatre nombres sont proportionnels, lorsque le rapport des deux premiers est égal au rapport des deux derniers*. Ainsi 8 et 12 sont proportionnels à 4 et à 6; car le rapport $\frac{8}{12}$ est égal au rapport $\frac{4}{6}$.

On donne le nom de *proportion* à une égalité formée de deux rapports égaux. Ainsi l'égalité $\frac{8}{12} = \frac{4}{6}$ est une proportion. Le 1er et le 4e terme sont appelés *extrêmes;* le 2e et le 3e *moyens*.

58. Propriétés des proportions. — 1° *Dans toute proportion le produit des extrêmes est égal au produit des moyens.*

2° *Pour trouver un terme d'une proportion dont les trois autres sont connus, on multiplie les deux moyens entre eux, si l'inconnu est un extrême, et on divise le produit par l'extrême connu.*

Si l'inconnu est un moyen, on multiplie les deux extrêmes entre eux, et on divise le produit par le moyen connu.

3° *On peut changer l'ordre des termes de huit manières différentes, sans altérer la proportion.* Il suffit pour cela que le produit des extrêmes reste égal à celui des moyens.

4° *Dans toute proportion on peut augmenter ou diminuer chaque numérateur de son dénominateur, sans altérer la proportion.*

5° *Dans toute proportion on peut augmenter ou diminuer chaque dénominateur de son numérateur, sans altérer la proportion.*

6° *Dans toute proportion le rapport entre la somme des deux premiers termes et leur différence est égal au rapport entre la somme des deux derniers et leur différence.*

7° *Dans une proportion ou une suite de rapports égaux, le rapport entre la somme des numérateurs et celle des dénominateurs est égal à l'un quelconque de ces rapports.*

PROBLÈME 14. — *On a payé* 298 *francs pour* 12 *hectolitres de vin; combien coûteront* 9 *hectolitres?*

$$12^{\text{h}} \quad 298^{\text{fr}}.$$
$$9 \quad \quad x$$

Le second nombre d'hectolitres étant un certain nombre de fois plus petit que le premier, le second nombre de francs doit être ce même nombre de fois plus petit que le premier nombre de francs. Le rapport entre 298 et x sera donc égal au rapport entre 12 et 9. On a par conséquent

$$\frac{12}{9} = \frac{298}{x}, \quad \text{d'où} \quad x = \frac{298 \times 9}{12} = 223^{\text{fr}},50.$$

REMARQUE.—On peut même se dispenser d'écrire la proportion, quand on est un peu habitué à saisir ces rapports. En observant que le second nombre d'hectolitres est les $\dfrac{9}{12}$ du premier, on voit que le second nombre de francs doit être aussi les $\dfrac{9}{12}$ du premier; on écrit donc immédiatement

$$x = 298^{\text{fr}} \times \frac{9}{12}.$$

PROBLÈME 15. — *Pour faire un certain travail,* 8 *ouvriers ont employé* 15 *jours; combien aurait-il fallu de jours à* 14 *ouvriers?*

$$8^{\text{o}} \quad 15^{\text{j}}$$
$$14 \quad x.$$

Le second nombre d'ouvriers étant un certain nombre de fois plus grand que le premier, le second nombre de jours doit être ce même nombre de fois plus petit que 15, ou 15 doit être ce même nombre de fois plus grand que x. Le rapport entre 15 et x doit donc être égal au rapport entre 14 et 8. On a par conséquent

$$\frac{14}{8} = \frac{15}{x}, \quad \text{d'où} \quad x = \frac{15 \times 8}{14} = 8^{\text{j}},57.$$

Remarque. — Dans ce problème, le rapport des deux nombres de jours est égal au rapport des deux nombres d'ouvriers pris en *sens inverse*. Pour cette raison on dit que les deux nombres de jours sont *inversement proportionnels* aux deux nombres d'ouvriers.

Dans le problème précédent au contraire, les deux nombres de francs sont *directement proportionnels* aux deux nombres d'hectolitres (*).

Problème 16. — *Deux trains partent au même instant l'un de Paris, et l'autre de Bordeaux, allant l'un au-devant de l'autre. Le premier a une vitesse de 50 kilomètres par heure; le second une vitesse de 32 kilomètres. A quelle distance de Paris se rencontreront-ils, la distance de Paris à Bordeaux étant de 585 kilomètres ?*

Si l'on représente par x le nombre de kilomètres, qu'il y aura depuis Paris jusqu'au point de rencontre, le nombre de kilomètres qu'il y aura depuis ce point jusqu'à Bordeaux sera $585 - x$.

Or ces deux nombres de kilomètres sont parcourus par les deux trains pendant le même temps ; le rapport entre les deux nombres x et $585 - x$ doit par conséquent être égal au rapport entre les deux espaces, 50 kilomètres, et 32 kilomètres, qu'ils parcourent pendant une heure. On a donc

$$\frac{x}{585 - x} = \frac{50}{32}.$$

Pour que l'inconnue ne se trouve que dans un seul terme, on peut augmenter chaque dénominateur de son numérateur, ce qui n'altère pas l'égalité ; on a ainsi

$$\frac{x}{585} = \frac{50}{32 + 50}, \quad \text{d'où} \quad x = \frac{585 \times 50}{82} = 356^{\text{ kil.}}$$

<hr>

(*) La règle par laquelle ont été résolus les problèmes 14 et 15 est appelée vulgairement *règle de trois;* pour le problème 14, c'est une règle de trois *directe*, et pour l'autre, c'est une règle de trois *inverse*. On distinguait encore la règle de trois *simple* (problèmes 14 et 15) et la règle de trois *composée* (problème 17). Nous n'emploierons jamais ces dénominations, qui n'ont aucun avantage, et qui ne servent qu'à charger inutilement la mémoire des élèves.

Problème 17. — *On a employé 6 ouvriers pendant 14 jours pour faire 124 mètres d'un ouvrage ; combien aurait-il fallu d'ouvriers pour faire 92 mètres du même ouvrage en 8 jours ?*

$$6^\circ \quad 14^j \quad 124^m$$
$$x \quad\ 8 \quad\ 92$$

Pour résoudre ce problème, considérons d'abord les deux nombres d'ouvriers et les deux nombres de jours, ce qui revient au problème suivant :

$$6^\circ \quad 14^j \quad 124^m$$
$$y \quad\ 8 \quad 124$$

Le nombre de mètres restant le même est inutile, et comme on cherche ici le nombre d'ouvriers qui feront 124 mètres en 8 jours, nous le désignons par une autre lettre que x, par y.

Le rapport des deux nombres d'ouvriers est égal au rapport inverse des deux nombres de jours. On a donc

$$y = 6^\circ \times \frac{14}{8}.$$

Nous avons maintenant à résoudre ce second problème : y *ouvriers ont fait 124 mètres en 8 jours ; combien faudra-t-il d'ouvriers pour faire 92 mètres dans le même temps ?*

$$y^\circ \quad 124^m \quad 8^j$$
$$x \quad\ 92 \quad\ 8$$

Le nombre de jours étant le même est inutile. Le rapport des deux nombres d'ouvriers doit être égal au rapport des deux nombres de mètres ; on a donc

$$\frac{124}{92} = \frac{y}{x}, \ \text{d'où} \ \ x = y \times \frac{92}{124},$$

et en remplaçant y par la valeur $6^\circ \times \dfrac{14}{8}$, on obtient

$$x = 6^\circ \times \frac{14}{8} \times \frac{92}{124}.$$

Si l'on remarque que l'inconnue est égale au nombre d'ouvriers connu multiplié par le rapport inverse des deux nombres de jours, et par le rapport direct des deux nombres de mètres, on peut énoncer la règle suivante :

Lorsque les données d'un problème, y compris l'inconnue, sont deux à deux de même espèce, si le rapport de l'inconnue au nombre connu de même espèce est égal au rapport direct ou inverse des deux nombres de chacune des autres espèces, la valeur de l'inconnue est égale au nombre connu de même espèce multiplié par le rapport des deux nombres de chaque autre espèce. On met le plus grand des deux nombres de même espèce au numérateur du rapport, lorsque, en raison de ces deux nombres, l'inconnue doit être plus grande que le nombre connu de même espèce, et le plus petit au numérateur dans le cas contraire.

Avant d'effectuer les opérations, il est utile de supprimer les facteurs communs au numérateur et au dénominateur. Ainsi dans l'expression trouvée pour x, on peut diviser les deux termes de $\dfrac{14}{8}$ par 2, et les deux termes de $\dfrac{92}{124}$ par 4. On trouve ainsi

$$x = 6^{\circ} \times \frac{7}{4} \times \frac{23}{31} = \frac{6 \times 7 \times 23}{4 \times 31}.$$

En divisant encore par 2 le facteur 6 et le facteur 4, on a enfin

$$x = \frac{3 \times 7 \times 23}{62} = 7^{\circ},79.$$

Il faudra donc 7 ouvriers plus un huitième qui ne ferait que les 79 centièmes du travail de chacun des autres.

CHAPITRE V

INTÉRÊT ET ESCOMPTE

RÈGLES D'INTÉRÊT.

59. Intérêt. — Lorsqu'un homme a emprunté de l'argent, il est obligé de payer une certaine somme pour le service qui lui est rendu. Cette somme s'appelle *intérêt*, et celle qui a été prêtée s'appelle *capital*.

L'intérêt est compté à tant pour cent ; le *taux* est l'intérêt que produiraient 100 francs au bout d'un an. Par exemple, quand on dit qu'une somme est prêtée à 5 pour 100, 6 pour 100, ce qu'on écrit ainsi : 5 %, 6 %, cela signifie que l'intérêt annuel de 100 francs serait 5 francs, 6 francs.

La loi n'autorise pas un taux supérieur à 6 % dans les affaires commerciales, et à 5 % dans les autres.

60. Intérêt pour un an. — PROBLÈME 18. — *Un homme a prêté 645 francs à 5 % ; quel est l'intérêt qu'il retire chaque année ?*

Puisque 100 fr. rapporteraient . . . . . . 5^{fr}

1^{fr} *rapporte 100 fois moins ou* . . . . . . $0^{fr},05$

645^{fr} rapporteront 645 fois 5 centimes ou $0,5 \times 645 = 32^{fr},25$.

R. L'intérêt demandé est 32 francs 25 centimes.

RÈGLE I. — Si on indique seulement la division de 5 par 100, l'intérêt cherché sera exprimé par $\dfrac{5}{100} \times 645$, ou, ce qui est la même chose, par $\dfrac{645 \times 5}{100}$. De là la règle suivante :

Pour trouver l'intérêt d'un capital au bout d'un an, il faut multiplier le capital par le taux, et diviser le produit par 100.

Remarque. — Quand l'intérêt est à 5 %, il est la 20e partie du capital. *On peut donc trouver l'intérêt d'un capital à 5 %, au bout d'un an, en divisant le capital par 20.*

Cette division est si facile qu'on peut l'effectuer mentalement. On divise d'abord par 10, et on prend la moitié du résultat.

Réciproquement, le capital qui produit un intérêt connu au taux de 5 % au bout d'un an est égal à 20 fois cet intérêt.

Le problème suivant montrera la marche à suivre pour trouver le capital qui produit un intérêt donné à un taux quelconque.

Problème 19. — *Quel est le capital qui produit un intérêt de $57^{fr},06$ par an à $4\frac{1}{2}$ %?*

Pour avoir un intérêt de $4^{fr},50$ il faut un capital de 100^{fr}

Pour un intérêt de 1^{fr} il faut un capital égal à   .   . $\dfrac{100^{fr}}{4,5}$

Pour un intérêt de $57^{fr},06$ il faudra $\dfrac{100 \times 57,06}{4,5} = 1268^{fr}$

On peut dire aussi que le capital cherché doit contenir autant de fois 100^{fr} qu'il y a de fois $4^{fr},5$ dans l'intérêt donné $57^{fr},06$.

61. Intérêt pour plusieurs mois. — Règle II. — *Pour trouver l'intérêt d'un capital au bout d'un certain nombre de mois, on cherche d'abord l'intérêt pour un an ; on le divise ensuite par 12, ce qui donne l'intérêt pour 1 mois, et on multiplie le quotient par le nombre de mois proposé.*

On doit observer que pour 6 mois il suffit de prendre la moitié de l'intérêt d'un an, pour 3 mois le quart, et pour 4 mois le tiers.

62. Intérêt pour plusieurs jours. — Le plus souvent il s'agit de calculer l'intérêt pour une fraction d'année ou même de mois, c'est-à-dire pour un certain nombre de jours. Dans ce cas il est d'usage de compter 360 jours à l'année, et par conséquent 30 jours au mois pour simplifier les calculs.

PROBLÈME 20. — *Un homme rend au bout de 7 mois 24 jours une somme de 826 francs qu'il avait empruntée au taux de 4 %; quel est l'intérêt qu'il doit payer ?*

D'abord les 7 mois et 24 jours font 234 jours.

100^{fr} produiront en 360 jours . . . . . . 4^{fr}

1^{fr} produira dans le même temps . . . . $\dfrac{4^{fr}}{100}$

1^{fr} en 1 jour produira . . . . $\dfrac{4}{100 \times 360}$

1^{fr} au bout de 234 jours produira . . $\dfrac{4 \times 234}{100 \times 360}$

826^{fr} au bout de 234^{j} produiront . $\dfrac{4 \times 234 \times 826}{100 \times 360}$

ou en changeant l'ordre des facteurs $\dfrac{826 \times 4 \times 234}{36000}$

De ce résultat on tire la règle suivante :

RÈGLE III. — *Pour trouver l'intérêt d'un capital au bout d'un certain nombre de jours, il faut multiplier le capital par le taux et par le nombre de jours, et diviser le produit par 36000.*

63. Formule générale de l'intérêt. — L'énoncé de cette règle peut s'écrire d'une manière très-abrégée. Pour cela on représente les nombres qui y entrent par les lettres initiales de leurs noms, ou même par des lettres quelconques, par exemple le capital par c, le taux par t, le nombre de jours par n, et l'intérêt par i; on a alors

$$(1) \qquad i = \frac{c \times t \times n}{36000}.$$

Cette expression, qui indique les opérations à faire sur les données du problème pour obtenir l'inconnue, s'appelle une *formule.*

Si on donne à volonté trois quelconques des quatre quantités qu'elle renferme, il sera facile d'en déduire la quatrième, ce qui fera quatre problèmes distincts résolus par un seul.

En effet, supprimons d'abord le dénominateur, ce qui multiplie le 2e membre par 36000, et multiplions aussi le 1er par 36000 afin de conserver l'égalité; nous aurons

$$(2) \qquad 36000 \times i = c \times t \times n.$$

Cette égalité signifie que le produit du capital multiplié par le taux et par le nombre de jours est toujours égal à 36000 fois l'intérêt.

Or, si dans le 2e membre on supprime les facteurs t et n, on divise ce membre par t et par n. En divisant donc aussi le 1er membre par t et par n, on trouve

$$c = \frac{36000 \times i}{t \times n},$$

ce qui montre que, *pour trouver le capital, quand on connaît l'intérêt, le taux et le nombre de jours, il faut multiplier l'intérêt par 36000 et diviser le résultat par le produit du taux multiplié par le nombre de jours.*

Pour avoir le taux t, on divisera les deux membres de l'égalité (2) par c et par n, et on aura

$$t = \frac{36000 \times i}{c \times n}.$$

Pour avoir le nombre de jours, on divisera les deux membres de l'égalité (2) par c et par t, et on aura

$$n = \frac{36000 \times i}{c \times t}.$$

64. Méthode des diviseurs fixes. — Pour les taux les plus usuels, qui sont 6, 5, $4\frac{1}{2}$, 4, 5 %, la règle III peut être simplifiée.

En effet, à 6 % par exemple, l'intérêt est exprimé par

$$i = \frac{c \times 6 \times n}{36000}.$$

Mais si, avant d'effectuer les calculs indiqués, on divise le numérateur et le dénominateur par 6, on trouve

$$\text{à } 6\ \%\qquad i = \frac{c \times n}{6000} = \frac{c \times n}{100} : 60\cdot$$

En divisant le numérateur et le dénominateur par le taux, on trouvera

$$\text{à } 5\ \%\qquad i = \frac{c \times n}{7200} = \frac{c \times n}{100} : 72$$

$$\text{à } 4\ \tfrac{1}{2}\ \%\qquad i = \frac{c \times n}{8000} = \frac{c \times n}{100} : 80$$

$$\text{à } 4\ \%\qquad i = \frac{c \times n}{9000} = \frac{c \times n}{100} : 90$$

$$\text{à } 3\ \%\qquad i = \frac{c \times n}{12000} = \frac{c \times n}{100} : 120$$

Ces résultats donnent lieu à la règle suivante :

RÈGLE IV. — *Pour trouver l'intérêt au bout d'un certain nombre de jours, on multiplie le capital par le nombre de jours; on prend le centième du produit, et on le divise par 60 quand le taux est 6 %; par 72, quand le taux est 5 %; par 80, quand le taux est 4 ½ %; par 90, quand le taux est 4 %.*

A 3 %, l'intérêt est la moitié de l'intérêt à 6 %; à 2 %, il en serait le tiers.

REMARQUES. — 1° Le produit du capital par le nombre de jours est appelé *nombre* par les banquiers.

La règle précédente se réduit donc à calculer le *nombre* du capital, et à diviser le centième de ce *nombre* par un diviseur qui est fixe pour un même taux.

2° Dans l'évaluation de la durée d'un placement d'argent, on compte le jour du placement, mais non le jour du règlement.

3° Tout en se servant pour leurs calculs d'intérêts des règles fondées sur une durée de 360 jours pour l'année, les banquiers ont adopté l'usage de prendre le nombre réel de jours écoulés d'une date à l'autre, dans les comptes courants qu'ils ont avec leurs clients, et quand il s'agit d'un intérêt qui est en leur faveur. Ils considèrent le mois comme ayant 30 jours seulement, quand il s'agit d'un intérêt qu'ils doivent au contraire payer.

4° On a dressé des tableaux qui donnent le nombre de jours compris entre deux dates (voy. à la fin du volume); mais les praticiens n'en font guère usage.

65. Intérêt égal à la 100ᵉ partie du capital. — Soit à chercher l'intérêt d'un capital c à 6 % pour 60 jours.

D'après la règle IV, on a . . . . $i = \dfrac{c \times 60}{100 \times 60} = \dfrac{c}{100}$.

Ainsi l'intérêt à 6 % est la 100ᵉ partie du capital au bout de 60 jours.

On trouverait de la même manière que l'intérêt est la 100ᵉ partie du capital

à 5 %   au bout de 72 jours,
à 4 ½ % . .   80
à 4 %   . . .   90

Le nombre de jours correspondant à un taux donné est appelé *base*. Sur cette remarque est fondée la règle suivante qui est assez commode.

RÈGLE V. — *Pour trouver l'intérêt à l'un des taux 4, 4 ½, 5 et 6 %, on décompose le nombre de jours en plusieurs nombres qui soient des parties aliquotes de la base (des nombres tels que chacun soit contenu un nombre entier de fois dans celui qui le précède). On cherche ensuite les intérêts pour les divers nombres de jours, en commençant par le nombre de jours égal à la base, et on en fait la somme.*

PROBLÈME 22. — *Calculer l'intérêt de 4162 francs à 5 % pour 128 jours.*

La base correspondante à 5 % étant 72, on décompose 128 en $72 + 36 + 18 + 2$.

Pour 72 jours l'intérêt est la 100ᵉ partie du capital ou 41ᶠʳ,62
pour 36 . . . .   la moitié de 41,62 ou. .   20ᶠʳ,81
pour 18 . . . .   la moitié de 20,81 ou. .   10ᶠʳ,40
pour 2 . . . .   le 9ᵉ de 10,40 ou. . .   1ᶠʳ,15
L'intérêt cherché est donc. 73ᶠʳ,98

66. Intérêt déduit de l'intérêt à 6 %. — Le calcul de l'intérêt à 6% étant très-simple, on en déduit souvent l'intérêt à l'un des taux, 5, 4 ½, 4 et 3%.

RÈGLE. VI. — *On diminue l'intérêt à 6%*
de ⅙ de lui-même pour avoir l'intérêt à 5 % ;
de ¼   —   —   à 4 ½ % ;
de ⅓   —   —   à 4 % ;
On en prend la moitié   —   à 3 %.

PROBLÈME 23. — *Calculer l'intérêt de 8429 francs à 4 ½ % pour 124 jours.*

La base à 6 % étant 60, on a 124 = 60 + 60 + 4.

Pour 60 jours l'intérêt à 6 % est . . . . . . 84^{fr},29
Pour 60 jours 84, 29
Pour 4 jours il est la 15e partie de 84,29 ou . . 5, 62
L'intérêt à 6 % serait donc 174, 20
Il faut le diminuer de ¼ de lui-même, c'est-à-dire de 43, 55
L'intérêt cherché à 4 ½ % est ainsi de . . . . . 130^{fr},65

67. Méthode des multiplicateurs fixes. — Pour faciliter les calculs d'intérêts, on a encore formé des tables qui donnent l'intérêt de 1 franc par jour à divers taux : cet intérêt est ce qu'on appelle *multiplicateur fixe.*

Voici les multiplicateurs les plus fréquemment employés.

TAUX	MULTIPLICATEURS	TAUX	MULTIPLICATEURS
6	0,000 1667	3 ½	0,0000 972
5 ½	0,000 1528	3	0,0000 853
5	0,000 1389	2 ½	0,0000 694
4 ½	0,000 1250	2	0,0000 536
4	0,000 1110	1 ½	0,0000 417
		1	0,0000 278

RÈGLE VII. — *Pour trouver l'intérêt d'un capital au bout d'un certain nombre de jours, il faut multiplier le capital par le nombre de jours, et le résultat par le multiplicateur fixe correspondant au taux donné.*

68. Comptes courants (*).—La règle IV (page 51) est surtout

(*) Cette question n'est pas mentionnée au programme; mais elle est une importante application des règles relatives au calcul de l'intérêt.

avantageuse, quand il s'agit de trouver les intérêts de plusieurs sommes placées au même taux, comme cela a lieu dans les banques, pour établir le compte d'un client qui y a déposé des sommes et qui en a reçu : c'est ce qu'on appelle *compte courant*. Le problème suivant en est un exemple.

PROBLÈME 21. — *Thomas a déposé chez un banquier :* 250^{fr} *le 24 janvier ; 370^{fr} le 13 février, et 640^{fr} le 18 mai. Le banquier a payé pour lui : 160^{fr} le 4 février ; 230^{fr} le 10 mars, et 980^{fr} le 12 juin. Établir le compte courant de Thomas au 30 juin, en sachant que par le règlement du 31 décembre précédent, Thomas était créancier de la banque pour une somme de $6724^{fr},35$, et que le banquier prend une commission de $\frac{1}{4}$ °/₀ sur les sommes déposées chez lui.*

1° MÉTHODE DIRECTE. — Il est évident qu'il suffit de calculer d'un côté ce que Thomas a dans la banque, c'est-à-dire son *avoir* ou son *crédit*, et ce qu'il *doit* ou son *débit*, et de prendre la différence entre le débit et le crédit. On dispose ordinairement le compte, comme à la page ci-contre.

Dans la moitié de gauche sont : à la 3ᵉ colonne, les sommes dues par Thomas ; dans la 4ᵉ, les nombres de jours pendant lesquels il doit leur intérêt ; dans la 5ᵉ, les *nombres* correspondants. Dans la moitié de droite sont dans le même ordre : les sommes dues à Thomas ; les nombres de jours pendant lesquels elles portent intérêt ; les *nombres* correspondants.

Pour avoir les intérêts des trois sommes dues par Thomas, il faudrait diviser le centième des trois *nombres* par 90 (diviseur fixe pour le taux de 4 °/₀), et additionner les trois résultats. Mais, au lieu d'opérer ainsi, on peut additionner les trois *nombres*, ce qui donne 66760 et diviser le centième qui est 667,60 par 90. De même, pour avoir les intérêts des quatre sommes dues à Thomas, on peut faire la somme des quatre *nombres*, ce qui donne 1327845, et diviser par 90 le centième qui est 13278,45.

L'intérêt dû à Thomas est donc égal à

$$\frac{13278,45}{90} - \frac{667,60}{90} = \frac{12610,83}{90}.$$

On voit par là, *qu'il suffit de faire la somme des nombres inscrits au doit, la somme des nombres inscrits à l'avoir, de*

MÉTHODE DIRECTE

DOIT. M. THOMAS, SON COMPTE COURANT A 4 % L'AN, AU 30 JUIN 1868. **AVOIR.**

Chez M. N..., banquier à Lyon.

Doit						Avoir					
Février. .	4	160 fr. 00 . . . espèces	146	25360		Décembre	31	6724 fr. 35 . . . créancier	180	1210585
Mars. . .	10	250 00 . . . espèces	112	25760		Janvier. .	24	250 00 . . . espèces	157	39250
Juin . . .	12	980 00 . . . espèces	18	17640		Février. .	15	370 00 . . . espèces	137	50690
		Bal. des *nombres*.		1261085		Mai. . . .	18	640 00 . . . espèces	45	27520
	5	15 com. 1/4 % sur 1260.					140	12 intérêts sur la balance des *nombres*.		
	6751	52 solde créditeur.								
		8124 fr. 47		1527845				8124 fr. 47		1527845
						Juin. . .	50	6751 fr. 52 créancier à nouveau.		

Lyon, le 30 juin 1868.

N...

OBSERVATION. — Au lieu des *nombres* eux-mêmes, on se borne souvent à inscrire dans la 5ᵉ colonne du Doit et de l'Avoir la partie entière du centième de chaque *nombre*, en augmentant de 1 le chiffre des unités, quand le chiffre des dixièmes est 5 ou plus fort que 5. Ainsi dans la 5ᵉ colonne du Doit, on mettrait 254; 258; 176.

prendre la différence (*) *des deux sommes, et de diviser le centième de cette différence par* 90. *Le quotient est l'intérêt cherché.*

Cet intérêt est à l'avoir, quand la somme des *nombres* de l'avoir est supérieure à celle des *nombres* du doit, comme dans le problème proposé. Il serait au doit dans le cas contraire.

Il ne reste plus qu'à prendre la différence entre le total des sommes dues par le client et le total des sommes qui lui sont dues. On trouve ici 6751^{fr},05 en faveur du client.

Aux sommes dues par Thomas il faut ajouter les droits de commission de $\frac{1}{4}$ %$_0$ sur le total 1260^{fr} des sommes encaissées le 24 janvier, le 13 février et le 18 mai, droits qui s'élèvent à 3^{fr},15.

2° MÉTHODE INDIRECTE. — Dans la méthode précédente, on a établi le compte courant en calculant *directement* les intérêts depuis le jour où chaque somme porte intérêt jusqu'au jour du règlement.

Voici une autre méthode qu'on appelle *méthode indirecte*, et qui est très-usitée.

On opère d'abord comme si toutes les sommes du débit et du crédit portaient intérêt, à partir de la date antérieure à toutes les autres, du 31 décembre 1867 dans le problème proposé. La différence entre la somme des capitaux du crédit et celle des capitaux du débit est 6614^{fr},35 au crédit, de sorte que l'intérêt cherché serait celui de 6614^{fr},35 du 31 décembre au 30 juin, c'est-à-dire pour un espace de temps de 180 jours, qui donne le *nombre* 1190583. Thomas a donc l'intérêt calculé sur le nombre 1190583.

Mais en opérant ainsi on lui a retenu l'intérêt de 160^{fr} à partir du 31 décembre, au lieu du 4 février, jusqu'au 30 juin, c'est-à-dire pour 35 jours de trop ; le banquier est donc obligé de lui rendre l'intérêt de 160^{fr} pour 35 jours, qui sera calculé sur le *nombre* correspondant 5600. Il en est de même pour les deux autres sommes du débit ; car sur 230^{fr} le banquier a retenu de trop l'intérêt pour 69 jours, correspondant au *nombre* 15870, et sur 980^{fr} l'intérêt pour 163 jours, correspondant au *nombre* 159740. La somme de ces trois *nombres* est 181210.

____

(*) Cette différence porte habituellement le nom de *balance ;* parce que, ajoutée à la plus faible des deux sommes, elle établit l'égalité, l'équilibre.

MÉTHODE INDIRECTE

DOIT.   M. THOMAS, SON COMPTE COURANT A 4 % L'AN, AU 50 JUIN 1868.   **AVOIR.**

Chez M. N..., banquier à Lyon.

DOIT						AVOIR					
Février..	4	160 fr. 00. . . espèces	35	5600		Décembre	31	6724 fr. 35. . . créancier			époque.
Mars. . .	10	250 00. . . espèces	69	15870		Janvier. .	24	250 00. . . espèces	24	6000	
Juin. . .	12	980 00. . . espèces	163	159740		Février. .	13	370 00. . . espèces	44	16280	
		Balance des				Mai . . .	18	640 00. . . espèces	138	88370	
		cap. . . . 6614,35	180	1190585			140	15 int. sur la bal. des *nombres*.		1261193	
	3	15 com. 1/4 % sur 1260.									
	6751	53 solde créditeur.									
		8124 fr. 48		1571793				8124 fr. 48		1571793	
						Juin. . .	30	6751 fr. 53 créancier à nouveau.			

Lyon, le 50 juin 1868.

N...

L'observation inscrite au bas du tableau de la méthode directe relativement aux *nombres* s'applique aussi à la méthode indirecte.

D'un autre côté, on a compté à Thomas l'intérêt de 250^{fr} à partir du 31 décembre au lieu du 24 janvier jusqu'au 30 juin, c'est-à-dire pour 24 jours de trop; on lui retiendra donc cet intérêt, qui sera calculé sur le *nombre* correspondant 6000. De même on lui retiendra encore l'intérêt de 370^{fr} pour 44 jours, pris sur le *nombre* correspondant 16280, et l'intérêt de 640^{fr} pris sur le *nombre* correspondant 88320. On lui retiendra donc l'intérêt calculé sur la somme de ces trois *nombres*, qui est 110600.

Thomas possède donc l'intérêt calculé sur le *nombre* 1190583, plus l'intérêt calculé sur le *nombre* 181210, moins l'intérêt calculé sur le *nombre* 110600. L'intérêt dû à Thomas peut donc être ainsi représenté (le diviseur fixe étant 90 à 4 %) :

$$\frac{11905,83}{90} + \frac{1812,10}{90} - \frac{1106,00}{90} = \frac{11905,83 + 1812,10 - 1106,00}{90}$$

En effectuant les calculs, on trouve

$$\frac{12611,93}{90} = 140^{fr},15.$$

En résumé, le banquier doit à Thomas la balance
des capitaux. . . . . 6614^{fr},35
    plus les intérêts au 30 juin. 140,13
    moins les frais de commission de $\frac{1}{4}$ % sur 1260^{fr}, ou 3,15
ce qui fait en faveur de Thomas un solde créditeur de 6751^{fr},33

Il est bon de remarquer que par cette méthode les *nombres* inscrits au débit sont en réalité à l'avoir de Thomas, et que ceux inscrits à son avoir sont en réalité à son débit.

De ce qui précède on peut tirer la règle suivante :

Pour établir un compte courant par la méthode *indirecte, on prend pour époque la date qui est antérieure à toutes les autres ; on inscrit dans une colonne les nombres de jours compris entre cette date et la date de chaque somme portée soit au débit soit au crédit ; on calcule les nombres correspondants, et on fait la somme des nombres inscrits au crédit, et celle des nombres inscrits au débit. On cherche ensuite la balance des capitaux, c'est-à-dire la différence entre la somme des capitaux qui sont au débit et celle des capitaux qui sont au crédit, et on cal-*

cule le nombre de cette balance, en le multipliant par le nombre de jours compris entre l'époque adoptée et la date du règlement.

Si la balance est en faveur du titulaire du compte, on ajoute à ce nombre la somme des nombres inscrits au débit, et on en retranche la somme des nombres inscrits au crédit ; le centième du résultat divisé par le diviseur fixe correspondant au taux sera l'intérêt cherché, et en faveur du titulaire.

Si la balance est au contraire en faveur du banquier, on ajoute à son nombre la somme des nombres inscrits au crédit, et on en retranche la somme des nombres inscrits au débit ; le centième du résultat divisé par le diviseur fixe sera l'intérêt en faveur du banquier.

Il ne reste plus qu'à ajouter l'intérêt à la balance des capitaux, et à en retrancher ou à y ajouter les droits de commission dus au banquier, suivant que la balance des capitaux est en faveur du titulaire du compte, ou en faveur du banquier, pour avoir le solde définitif.

PROBLÈMES SUR L'INTÉRÊT UNI AU CAPITAL.

69. Valeur acquise par un capital placé à intérêt. — Pour trouver la valeur acquise par un capital augmenté de son intérêt, il suffit évidemment de calculer cet intérêt et de l'ajouter au capital.

On pourrait aussi chercher la valeur acquise par 1 franc, et multiplier cette valeur par le nombre de francs du capital ; c'est ce qui est indiqué par la règle suivante.

RÈGLE VIII. — *Pour connaître la valeur acquise par un capital qui a été augmenté de son intérêt, on multiplie ce capital par 1 augmenté de l'intérêt de 1 franc au bout du temps indiqué.*

Si on désigne le capital par c, par r le revenu de 1 franc au bout du temps indiqué dans le problème, et par a la valeur demandée, la règle précédente sera ainsi exprimée :

$$a = c \times (1 + r).$$

PROBLÈME 24. — *Chercher la valeur acquise par un capital de 7432 francs à $4\frac{3}{4}$ %, au bout de 218 jours.*

L'intérêt de 1 franc à 4 ¾ °/₀ au bout de 218 jours est, d'après la règle III, n° 62, égal à

$$\frac{1 \times 4,75 \times 218}{36000} = 0^{fr},02876388.$$

Il reste à multiplier 1,02876388 par 7432, de manière que le produit soit exact jusqu'aux centimes.

Conformément à la règle du n° 52 (4°), il est nécessaire d'employer au multiplicande 2 + 4 = 6 chiffres décimaux. On multipliera donc 1,028765 par 7432, ce qui donne 7645,766616. Le produit demandé sera 7645^{fr},77.

Il y aurait ici quelque avantage à suivre la méthode de la *multiplication abrégée* (n° 52 ; 5°). D'après cette règle, le chiffre des unités du multiplicateur 7432 devant être placé sous le chiffre 7 des dix-millièmes du multiplicande, on aurait besoin de connaître ce multiplicande avec sept chiffres décimaux, un chiffre décimal de plus que dans l'opération précédente ; mais les deux derniers produits partiels ont par compensation moins de chiffres.

$$
\begin{array}{r}
1,0287638 \\
2347 \\
\hline
72013466 \\
4114952 \\
308628 \\
20574 \\
\hline
76457620
\end{array}
$$

Le produit exprimant des dix-millièmes, on a pour résultat 7645^{fr},77, comme précédemment.

70. Capital qui par l'intérêt a pris une valeur connue.

— Cette question étant l'inverse de la précédente se résoudra par la règle suivante.

RÈGLE IX. — *Pour trouver le capital qui, placé à intérêt, a pris au bout d'un certain temps une valeur connue, il faut diviser cette valeur par 1 augmenté de l'intérêt de 1 franc pendant le temps indiqué.*

Il est facile de démontrer cette règle indépendamment de la précédente, comme on va le voir par le problème suivant.

PROBLÈME 25. — *Un homme avait emprunté une somme d'argent à 4 ¾ °/₀, et au bout de 218 jours il rend 7645^{fr},77 pour l'intérêt et le capital : quel était ce capital?*

L'intérêt de 1 franc à 4 ¾ °/₀ pour 218 jours étant   0^{fr},028
pour 1^{fr} emprunté il faudrait rendre . . . . .   1^{fr},028

donc le capital cherché contient autant de francs qu'il y a de fois 1^{fr},028 dans 7645^{fr},77. Il faut donc diviser 7645,77 par 1,028.

REMARQUE. — La résolution de ce problème présente une difficulté sur laquelle il importe d'appeler l'attention. Le plus souvent l'intérêt de 1 franc ne peut pas être obtenu exactement, et ce serait une grande erreur de croire qu'il suffit de le connaître jusqu'aux millièmes, et même jusqu'aux dix-millièmes, pour que le quotient de la division soit exact jusqu'aux centimes. En effet, les principes relatifs à l'erreur relative d'un quotient approché (voy. mon *Arithm.*, pages 148 et 184) apprennent qu'il serait nécessaire d'employer dans ce cas sept chiffres au diviseur, de sorte que pour être certain d'avoir le capital demandé, avec une erreur moindre qu'un centime, on devrait diviser 7645,77 par 1,028763, ce qui fait une opération assez longue.

Ici il y aura avantage à recourir à la méthode de la *division abrégée* (53), d'autant plus qu'elle dispense de la connaissance de la théorie des erreurs relatives. En effet, le diviseur étant moindre que 2, le quotient demandé jusqu'aux centimes aura six chiffres, et comme 6 fois 9 font 54, on devra prendre 1,02 pour le dernier diviseur de l'opération. Le premier aura cinq chiffres de plus, par conséquent il faudra chercher l'intérêt de 1 franc avec sept chiffres décimaux.

On a ainsi à diviser 7645,77 par 1,0287658. On écrit à droite du dividende deux zéros, ce qui n'altère pas sa valeur, et on opère sans faire attention aux virgules. Le quotient trouvé étant 743199 centièmes, le capital demandé est 7431^{fr},99 ou 7432^{fr}.

7645,7700	1,0287658
444 4254	743199
52 9182	
2 0554	
1 0267	
1015	
97	

ESCOMPTE.

71. Escompte commercial. — Lorsqu'un homme paye une somme avant l'échéance, il a droit à une diminution qui s'appelle *escompte*.

Par exemple, cela se fait quand un banquier donne de l'argent en échange d'un billet (*) qui ne doit être payé qu'au bout d'un certain temps, quand un négociant solde comptant des marchandises dont il pourrait renvoyer le payement à un terme plus ou moins éloigné.

L'escompte est calculé à tant pour cent comme l'intérêt. Par conséquent, toutes les règles indiquées précédemment pour les intérêts s'appliquent au calcul de l'escompte, sans aucune différence. C'est la méthode usitée dans toutes les banques et le commerce.

Dans cet escompte ne sont pas compris d'autres frais prélevés par le banquier, sous le nom de *commission et change*, et qui sont sujets à des variations, suivant l'état des affaires.

72. Escompte en dedans. —¾A l'étranger, on emploie pour l'escompte une autre méthode désignée dans les traités d'arithmétique par le nom d'*escompte en dedans*.

Cette méthode consiste à donner le capital qui, augmenté de son intérêt depuis le jour de l'escompte jusqu'au jour de l'échéance du billet à escompter, prendrait une valeur égale au montant du billet.

C'est précisément le problème résolu par la règle IX (n° 70).

Pour montrer la différence de cet escompte avec l'escompte usité en France, cherchons l'escompte de 100 francs à 5.% pour un an.

Par l'escompte commercial 100 francs se réduisent à   95^{fr}.

Par l'escompte en dedans 100 fr. se réduisent à $\dfrac{100}{1,05} = 95^{fr},14$.

(*)On appelle *billet* ou mieux *billet à ordre* un écrit qu'un débiteur remet à son créancier, et par lequel il s'engage à payer à une époque déterminée le montant de sa dette à lui, ou à tout autre individu porteur du billet. Par exemple, si j'ai acheté pour 5000 francs de marchandises de Jacques, payables à 5 mois, je lui remets un billet ainsi conçu : *A trois mois je payerai à M. Jacques, ou à son ordre, la somme de trois mille francs, valeur reçue en marchandises*, et terminé par la date et ma signature. Jacques ayant besoin d'argent donne ce billet à une autre personne qui lui en paye le montant, sauf la déduction de l'escompte. Cette personne peut le transmettre à une autre, et ainsi de suite jusqu'à l'échéance, où il revient au souscripteur pour être payé. (Voy. à la fin la note concernant la rédaction du billet à ordre.)

Observation. — Il est tout à fait inutile d'entrer dans de plus longs développements, qui n'auraient d'autre effet que d'obscurcir une chose très-simple par elle-même. Nous n'imiterons pas davantage les auteurs qui contestent la légitimité de l'escompte commercial ; ces deux méthodes sont aussi justes l'une que l'autre, par cela seul qu'elles sont librement adoptées. D'ailleurs, le banquier dans l'escompte commercial n'agit pas autrement que le propriétaire qui exige d'avance le loyer de son locataire.

ÉCHÉANCE MOYENNE OU COMMUNE.

73. De l'échéance moyenne. — Lorsqu'un homme doit à un créancier plusieurs sommes payables à des époques différentes, ils préfèrent quelquefois, pour régler leur compte, réunir ces sommes en une seule dont l'échéance soit telle qu'il n'y ait de perte pour aucun. C'est ce calcul qui constitue la règle de *l'échéance moyenne* ou *commune*.

Problème 26. — *Un homme doit au même créancier trois sommes : 2468 francs payables dans 4 mois ; 1850 francs payables dans 7 mois ; 2645 francs payables dans 1 an. A quelle époque devra avoir lieu le payement de ces trois dettes en une seule somme égale à leur total ?*

D'abord la somme totale à payer est 6963 francs.

En gardant 2468 francs pendant 4 mois, le débiteur peut en retirer le même intérêt que s'il gardait pendant 1 mois une somme 4 fois plus forte, qui serait $\qquad 2468 \times 4 = 9872^{fr}$
Avec 1850 francs qu'il garderait pendant 7 mois, il pourrait retirer le même intérêt que s'il gardait pendant 1 mois une somme 7 fois plus forte, qui serait $\qquad 1850 \times 7 = 12950^{fr}$
Avec 2645 francs pendant 12 mois, il pourrait retirer le même intérêt que s'il gardait pendant 1 mois une somme 12 fois plus forte, qui serait . . . . $2645 \times 12 = 31740^{fr}$

Le total de ces trois nouvelles sommes est . . . . . 54562^{fr}

Le débiteur devra donc garder la somme à payer, 6963 francs, assez de temps pour qu'il en retire le même intérêt que celui que rapporteraient 54562 francs au bout de 1 mois.

Or si la somme 6963 francs était 2 fois, 3 fois... plus petite que la somme 54562 francs, il faudrait la garder pendant un temps

2 fois, 3 fois... plus grand; donc le nombre de mois cherché sera égal au quotient de 54562 divisé par 6963.

En effectuant la division, on trouve que l'échéance de la somme 6963 arrivera au bout de 7 mois 25 jours.

Le tableau ci-contre des opérations montre la règle à suivre.

$$\begin{array}{rcl}
2468 \times 4 &=& 9872 \\
1850 \times 7 &=& 12950 \\
2645 \times 12 &=& 31740 \\
\hline
6963 & & 54562
\end{array}
\quad
\begin{array}{|l}
6963 \\
\hline
7^{m}\,25^{j}
\end{array}$$

$$\begin{array}{r}
54562 \\
5821 \\
30 \\
\hline
174630 \\
35370 \\
555
\end{array}$$

RÈGLE X. — *On multiplie chaque somme par le temps compris entre l'époque du règlement et le jour de son échéance; on fait le total des produits, et on le divise par le total des sommes à payer. Le quotient indique le temps au bout duquel arrivera l'échéance moyenne du payement unique.*

OBSERVATION. — Cette règle est indépendante du taux de l'intérêt; elle doit donc se vérifier pour un taux quelconque, 5 % par exemple.

En effet l'intérêt de 2468^{fr} pour 4 mois est $\dfrac{2468 \times 4 \times 5}{100 \times 12} = \dfrac{9848}{240}$

celui de 1850^{fr} pour 7 mois est . . . $\dfrac{1850 \times 7 \times 5}{100 \times 12} = \dfrac{12950}{240}$

celui de 2645^{fr} pour 12 mois est . . . $\dfrac{2645 \times 12 \times 5}{100 \times 12} = \dfrac{31740}{240}$

La somme de ces trois intérêts est

$$\frac{9848 + 12950 + 31740}{240} = \frac{54538}{240} = 227^{fr},24.$$

D'un autre côté, l'intérêt de 6963 francs au bout de 7 mois 25 jours, c'est-à-dire de 235 jours, est

$$\frac{6963 \times 235}{7200} = 227^{fr},26.$$

Il n'y a qu'une différence de 2 centimes, qui n'influe en rien sur le nombre de jours demandé dans le problème.

Problème 27. — *Un homme possède quatre billets souscrits en sa faveur par la même personne : le 1ᵉʳ de 348 francs, payable le 8 mai ; le 2ᵉ de 416 francs, payable le 10 juin ; le 3ᵉ de 532 francs, payable le 21 juillet ; le 4ᵉ de 625 francs, payable le 15 août. Le 1ᵉʳ mai, il les remet à un banquier, en échange d'un billet unique d'une valeur égale à la somme des quatre billets ; calculer l'échéance de ce billet unique.*

Nous ne pouvons pas raisonner ici exactement dans les mêmes termes que pour le problème précédent ; car le porteur des quatre billets n'est pas censé avoir, comme le débiteur de ce problème, l'argent entre les mains, et le faire valoir jusqu'à l'échéance. Actuellement le banquier doit escompter les quatre billets au 1ᵉʳ mai ; il calculera ensuite pour le billet unique une échéance telle, que l'escompte de ce billet au 1ᵉʳ mai soit égal à la somme des escomptes des quatre billets qu'il a acceptés.

Du 1ᵉʳ mai inclusivement on compte

au 8 mai exclusivement		7 jours pour	348ᶠʳ
au 10 juin	—	40	—	416
au 21 juillet	—	81	—	533
au 15 août	—	106	—	625
		Total des billets	1921ᶠʳ

D'après la règle IV (page 51), et en désignant par d le diviseur fixe qu'il faudrait employer, si le taux de l'intérêt était donné, on a

pour l'escompte du 1ᵉʳ billet $\dfrac{348 \times 7}{100 \times d} = \dfrac{2436}{100 \times d}$,

— du 2ᵉ — $\dfrac{416 \times 40}{100 \times d} = \dfrac{16640}{100 \times d}$,

— du 3ᵉ — $\dfrac{552 \times 81}{100 \times d} = \dfrac{43092}{100 \times d}$,

— du 4ᵉ — $\dfrac{625 \times 106}{100 \times d} = \dfrac{66250}{100 \times d}$.

La somme des quatre escomptes au 1er mai est donc

$$\frac{2436}{100 \times d} + \frac{16640}{100 \times d} + \frac{43092}{100 \times d} + \frac{66250}{100 \times d} = \frac{128418}{100 \times d}.$$

Si on désigne maintenant par x le nombre inconnu de jours au bout duquel doit être payé le billet unique de 1921 francs, l'escompte de ce billet au 1er mai sera exprimé par $\dfrac{1921 \times x}{100 \times d}$.

On aura donc

$$\frac{1921 \times x}{100 \times d} = \frac{128418}{100 \times d} \qquad \text{ou} \quad 1921 \times x = 128418.$$

On en tire $\qquad x = \dfrac{128418}{1921} = 66^{\text{j}},8$ ou 67 jours.

Le tableau des calculs montre que la règle est encore la même que précédemment.

$$
\begin{array}{rcl}
348 \times 7 & = & 2436 \\
416 \times 40 & = & 16640 \\
532 \times 81 & = & 43092 \\
625 \times 106 & = & 66250 \\
\hline
1921 & & 128418
\end{array}
$$

L'échéance arrive 67 jours après le 1er mai, c'est-à-dire le 7 juillet.

$$
\begin{array}{r|l}
128418 & 1921 \\
\hline
13158 & 66,8 \\
16320 & \\
1622 &
\end{array}
$$

74. Simplification de la règle. — Quoique la conversion des quatre billets en un seul ait lieu le 1er mai, il n'est pas nécessaire d'établir le calcul à partir de cette date. Il y a avantage à prendre pour *époque* (*) la date de l'échéance la plus rapprochée, qui est ici le 8 mai. De cette manière il n'y a pas d'escompte à calculer pour le 1er billet.

Du 8 mai inclusivement il y a	0^j	pour	348^{fr}
au 10 juin exclusivement. .	33	—	416
au 21 juillet.	74	—	532
au 15 août.	99	—	625
			1921

(*) Les banquiers désignent par le nom seul d'*époque* le jour du règlement.

$$348$$
$$416 \times 35 = 15728$$
$$552 \times 74 = 59368$$
$$625 \times 99 = 61875$$

1921	114971	1921
	18921	59,8
	16320	
	1622	

Le quotient de la division est 59,8 ; mais on prend 60.

L'échéance du billet arrivera 60 jours après le 8 mai, c'est-à-dire le 7 juillet, comme précédemment.

75. PROBLÈME 28. — *Une compagnie industrielle fait un emprunt de 500000 francs divisé en 1000 parties égales (obligations) de 500 francs, payables en trois fois : 125 francs le 1ᵉʳ juin; 150 francs le 15 septembre; 225 francs le 31 décembre, ou en un payement unique le 1ᵉʳ juin avec un escompte de $3\frac{1}{2}$ %. Un rentier dont l'argent est placé à $4\frac{1}{2}$ % veut savoir, avant de souscrire, s'il lui est plus avantageux de ne faire qu'un seul payement, ou de faire les trois payements partiels.*

D'abord l'escompte de 500ᶠʳ à $3\frac{1}{2}$ % est. . . 17ᶠʳ,50.

L'obligation sera donc soldée en un seul payement par une somme égale à 500 — 17,50 = 482ᶠʳ,50.

Cherchons maintenant l'échéance moyenne des trois sommes partielles, rapportée au 1ᵉʳ juin.

Du 1ᵉʳ juin inclusivement il y a au 15 septembre 106 jours
et au 31 décembre 213 jours

$$125$$
$$150 \times 106 = 15900$$
$$225 \times 213 = 53250$$

500	69150	500
		138,3

Les trois payements partiels reviennent à un payement unique de 500 francs, qui serait effectué 138 jours après le 1ᵉʳ juin. Pendant ces 138 jours le rentier retirerait de cette somme placée à $4\frac{1}{2}$ % un intérêt égal à . . . 19ᶠʳ,40.

Donc, en payant en trois fois, il opère comme s'il soldait l'obligation au 1ᵉʳ juin par. . . . 500 — 19,40 = 480ᶠʳ,60.

Ainsi, à payer en trois fois, il gagne 1ᶠʳ,90 par obligation.

PROBLÈME 29. — *Un homme qui devait une somme de 850 francs, payable le 20 août, donne, d'accord avec son créancier, un à-compte de 225 francs le 1er juillet, et un autre à-compte de 375 francs le 1er août. A quelle époque a-t-il le droit de renvoyer le 3e payement, qui est de 250 francs ?*

En payant 225fr le 1er juillet, c'est-à-dire 50 jours plus tôt, le débiteur perd un intérêt égal à celui que produirait au bout de 1 jour une somme 50 fois plus forte, qui serait égale à

$$225 \times 50 = 11250^{fr}.$$

Le deuxième payement étant fait 19 jours plus tôt, l'intérêt que perd le débiteur est égal à celui de

$$375 \times 19 = 7125^{fr}.$$

Ainsi, par ces deux payements anticipés, le débiteur perd le même intérêt que celui que produirait une somme égale à

$$11250 + 7125 = 18375^{fr}.$$

Il doit donc par compensation retarder le troisième payement au delà du 20 août, d'un nombre de jours tel qu'il retire avec 250 francs à partir du 1er juillet un intérêt égal à celui qu'il perd.

D'après ce qui a été dit à la fin du problème 26 , il suffit de diviser 18375 par 250, ce qui donne 73 jours après le 20 août, c'est-à-dire le 1er novembre.

$$225 \times 50 = 11250$$
$$375 \times 19 = 7125$$
$$250$$

$$18375 \,|\, 250$$
$$875 \,|\, 73$$
$$125$$

VÉRIFICATION.

Du 1er juillet inclusivement..   0 jours 225
au 1er août exclusivement. .   31 $375 \times 31 = 11625$
au 1er novembre. . . . . . 123 $250 \times 123 = 30750$

$$\overline{850} \qquad \overline{4237,5} \,|\, 85$$
$$837 \,|\, 49,8$$
$$725$$
$$55$$

L'échéance moyenne des trois sommes arrive 50 jours après le 1er juillet, ce qui correspond en effet au 20 août.

CHAPITRE VI

RENTES SUR L'ÉTAT. — OPÉRATIONS DE BOURSE. — FONDS PUBLICS.

—

76. Titres de rente. — L'État, comme les particuliers, emprunte de l'argent ; mais ordinairement il s'engage seulement à payer les intérêts, sans fixer aucune date pour le remboursement du capital. En échange de son argent, le prêteur reçoit un titre appelé *inscription de rente*, avec lequel il se fait payer par l'État à des époques déterminées l'intérêt promis : cet intérêt est une *rente sur l'État*. Il est aussi désigné par le nom d'*arrérages*.

Quand le prêteur a besoin de son capital, il vend son titre à un acheteur qui se substitue à lui, et qui reçoit la rente à sa place. Si l'État est dans une situation prospère, on a l'assurance que la rente sera régulièrement payée ; en raison de cette sécurité, la valeur de ce titre augmente plus ou moins. Si au contraire le gouvernement éprouve des embarras financiers ou autres, on peut appréhender qu'il ne soit pas en mesure de payer la rente ; le titre perd alors de sa valeur, et se vend à un prix plus ou moins bas. Ce prix variable est ce qu'on appelle *cours* de la rente. La vente et l'achat de ces titres se font à Paris, et dans quelques autres grandes villes, dans un local particulier qui est la *Bourse*, et par l'intermédiaire des *agents de change*, qui ont seuls le droit d'opérer ces transactions.

Il y a trois espèces de rente : la rente $4 \frac{1}{2} \%$ et la rente 4%, payables par semestre, le 22 mars et le 22 septembre ; la rente 3%, payable par trimestre, le 1er janvier, le 1er avril, le 1er juillet et le 1er octobre.

Les registres sur lesquels sont inscrits les titres de rentes constituent ce qu'on appelle le *Grand-Livre de la dette publique*.

La dénomination de $4\frac{1}{2}$ % signifie que la valeur nominale d'un titre donnant droit à une rente annuelle de 4^{fr},50 est 100 francs ; mais cette valeur est sujette à des variations, produites surtout par les circonstances politiques. La rente est *au pair*, quand son prix de vente à la Bourse est égal à sa valeur nominale de 100 francs.

Le pair du 3 % est aussi 100 francs ; car l'État s'est engagé à donner 100 francs, pour chaque titre de 3 francs de rente, si jamais il venait à rembourser.

On distingue les rentes en *nominatives* et *au porteur*. Les premières sont inscrites au Grand-Livre sous le nom de leur propriétaire. Quant aux autres, le nom de celui qui les possède ne figure nulle part ; l'État paye la rente à celui qui lui présente le *coupon* (c'est un petit carré détaché, *coupé* du titre). Ces derniers titres ont l'avantage de pouvoir être cédés de la main à la main, comme on ferait d'une pièce de monnaie ; cette cession exige au contraire quelques formalités pour les titres nominatifs. Au reste, il est toujours facultatif de faire convertir un titre nominatif en un titre au porteur et réciproquement. Depuis quelque temps, on a créé des titres mixtes, c'est-à-dire des titres nominatifs, dont les coupons sont payables au porteur.

77. Mode d'emprunt. — L'État n'opère pas dans ses emprunts comme les particuliers. Quand un individu a besoin d'argent, il cherche le prêteur qui lui remettra un capital déterminé, 1000 francs par exemple, au taux le moins onéreux. L'État agit en sens inverse ; il offre à des banquiers de leur vendre des titres de rente 3 % à un prix qui ne sera pas inférieur à un cours fixé par lui-même, et il adjuge les titres à celui qui en donne le prix le plus fort. Le banquier adjudicataire les revend ensuite à la Bourse, quand il juge l'occasion favorable, et peut ainsi réaliser des bénéfices souvent énormes.

L'État s'adresse aussi quelquefois au public, plutôt qu'aux banquiers. Dans ce cas il n'y a plus de concurrence ; les titres offerts par l'État, au prix qu'il a fixé lui-même, sont alors dans le cas d'une marchandise à prix fixe, qui se place en totalité, quand les acheteurs ont confiance dans la qualité, c'est-à-dire dans la solvabilité du vendeur.

78. Amortissement. — Pour donner à l'État le moyen de diminuer la dette publique, on a établi ce qu'on appelle la *Caisse d'amortissement*. Elle se compose de fonds que l'État doit employer à racheter une partie de ses propres rentes, dans des conditions avantageuses, c'est-à-dire à des cours inférieurs au pair, pour les retirer de la circulation. Ces fonds proviennent soit de sommes votées pour la caisse dans le budget annuel, soit de sommes prélevées pour cette destination spéciale, sur le produit d'un emprunt.

79. Opérations au comptant ou à terme. — Les achats et les ventes de titres de rente à la Bourse se font *au comptant*, quand les titres sont livrés et payés au moment de la négociation, ou plutôt dans le délai de 5 jours usité entre les agents de change. Le marché est *à terme*, quand la livraison et le payement des titres sont renvoyés à une époque ultérieure, qui est ordinairement la fin du mois courant, ou quelquefois la fin du mois suivant. Dans le premier cas, l'achat de rentes est *fin courant*; dans le second, l'achat est *fin prochain*.

Le droit de courtage dû à l'agent de change est de $\frac{1}{8}$ °/₀ du capital employé dans l'opération, pour les rentes françaises. Ce droit varie suivant la nature des autres affaires.

80. Marché ferme et marché à primes. — Les affaires à terme exigent encore quelques explications.

Il y a deux sortes de marchés à terme : le *marché ferme*, et le *marché à primes*. Ce dernier est aussi appelé *marché libre*.

Le marché est ferme, quand il est obligatoire pour les deux contractants, qui règlent ensemble à la fin du mois ; ce règlement s'appelle *liquidation*. A cette époque, l'acheteur prend livraison des titres, et complète le payement, sur lequel il avait dû donner un à-compte en garantie. Le droit de courtage est alors de $\frac{1}{8}$ °/₀ du capital employé, comme pour les marchés au comptant.

Le marché à primes est un véritable jeu de hasard. Ainsi Pierre vend un certain nombre de titres de rente livrables fin courant, à Jean, qui se réserve la faculté d'abandonner le marché, si, contre son attente, le cours est au moment de la liquidation plus élevé qu'au moment de l'achat. Dans ce cas, il s'oblige à payer à Pierre une indemnité qui sera de 2^{fr}, de 1^{fr}, de 50 centimes, etc., pour chaque titre acheté ; cette indemnité s'appelle *prime*. On dit alors que Jean achète, par exemple, 5000^{fr} de rentes 3 % à 71,25, *dont* 2, *dont* 1, *dont* 50 *centimes*... etc. Si à la fin du mois Jean tient le marché, on dit qu'il *lève la prime ;* dans le cas contraire, on dit qu'il *l'abandonne.* La déclaration par laquelle Jean fait connaître sa détermination est ce qu'on appelle *réponse des primes.* Ce marché est libre seulement pour l'acheteur, et obligatoire pour le vendeur.

D'après ce qui précède, on comprend les expressions : *jouer à la hausse, jouer à la baisse.* L'acheteur joue à la hausse, puisqu'il ne débourse une prime que dans l'espérance de trouver à la liquidation un cours supérieur au cours de l'achat augmenté de la prime. Le vendeur joue à la baisse, puisqu'il ne pourra garder ses titres avec la prime que dans le cas où le cours à la liquidation sera plus bas qu'au moment de la vente.

Dans les marchés à terme, l'acheteur a droit de se faire livrer les titres avant l'époque fixée, à condition qu'il préviendra le vendeur cinq jours à l'avance, et qu'il acquittera le prix convenu. On dit dans ce cas que l'acheteur *escompte son vendeur.* Cette opération peut mettre dans l'embarras le *vendeur à découvert,* c'est-à-dire celui qui vend des titres sans les posséder réellement, ayant seulement l'espérance de se les procurer à un prix avantageux, pour le moment de la livraison.

81. Report et déport. — Le *report* est une opération par laquelle un marché est *reporté* de la fin du mois courant à la fin du mois suivant. Par exemple, Paul a acheté 2000 francs de rentes 3 %, au cours de 71,65, livrables fin mars, espérant les revendre alors avec bénéfice. Mais à cette époque le cours est descendu à 71,25. Paul ne voulant ou ne pouvant tenir le marché, et pensant que le cours se sera relevé à la fin du mois suivant, vend son inscription de rente livrable fin mars, et la rachète en même temps livrable fin avril, en payant la différence de 40 centimes, qu'il y a sur chaque titre entre le prix d'achat primitif et le cours fin mars. Par là son marché est *reporté* d'un mois à l'autre.

Le mot *report* a encore un autre sens. Ordinairement la rente à terme se vend plus cher qu'au comptant, parce qu'elle est plus voisine de l'époque où elle sera payée, ou, comme on dit, plus voisine du *détachement du coupon*. On appelle *report du comptant à la fin du mois*, ou seulement *report*, la différence qu'il y a entre le prix de la rente au comptant et le prix de la rente fin courant. Ce report donne lieu à des opérations par lesquelles on place son argent, sans risques pour quelques jours, afin d'utiliser des sommes disponibles pour peu de temps. Ainsi Paul achète 6000 francs de rentes 3 %, au cours de 70,15, et les revend aussitôt fin courant à 70,40 gagnant par là 25 centimes sur chaque titre, sauf les frais de courtage. Le report de 25 centimes est en réalité l'intérêt que Paul retire de son argent jusqu'à la fin du mois.

Lorsque le prix de la rente à terme est plus faible que le prix de la rente au comptant; comme dans l'exemple cité dans la première partie de ce paragraphe, la différence prend le nom de *déport*. Le déport est donc le contraire du report.

OBSERVATION. — Nous ne devons pas étendre davantage ces notions, dont le but est seulement de donner aux élèves l'explication des affaires usuelles, et non pas de les préparer à ces jeux de Bourse, où les spéculateurs rencontrent si souvent la ruine et le désespoir, au lieu de la fortune, et contre lesquels les moralistes s'élèvent avec tant de raison, mais avec si peu de succès.

La Bourse française ne négocie pas seulement les fonds publics français, mais aussi les fonds publics étrangers. Nous nous abstiendrons d'en donner la nomenclature; car elle serait tout à fait déplacée dans un ouvrage classique.

82. Problèmes relatifs aux rentes sur l'État. — Les problèmes usuels concernant les négociations de rentes sur l'État ne présentent pas de difficultés. Les exemples suivants suffiront pour indiquer la marche à suivre.

PROBLÈME 30. — *Combien coûteront 745^{fr} de rentes 4 $\frac{1}{2}$ %, au cours de 92,35 ?*

Une rente de 4^{fr},50, coûtant . . . . 92^{fr},35

Une rente de 1^{fr} coûtera . . . . $\dfrac{92,55}{4,5}$

Une rente de 745^{fr} coûtera $\dfrac{92,35 \times 745}{4,5} = 15289^{fr},05$

Le courtage, dû à l'agent de change, étant de $\frac{1}{8}$ $^{0}/_{0}$ du capital employé, sera égal à . $0^{fr},125 \times 15289 = 19^{fr},11$

On payera donc . . . . $15308^{fr},16$

PROBLÈME 31. *Combien doit-on vendre de titres de rentes 3 $^{0}/_{0}$ au cours de 70,45, pour payer une dette de 2764 francs?*

D'abord le courtage dû à l'agent de change sera égal à . . . $0^{fr},125 \times 2764 = 5^{fr},45$

le capital à retirer de la vente est donc . . . . $2764 + 5,45 = 2767^{fr},45$

Il faudra vendre autant de titres qu'il y aura de fois 70^{fr},45 dans 2767^{fr},45.

Le nombre cherché est donc égal au quotient $\dfrac{2767,45}{70,45}$

Ce quotient étant compris entre 39 et 40, le nombre de titres à vendre est 40.

PROBLÈME 32. — *A quel taux place-t-on son argent, en achetant de la rente 4 $\frac{1}{2}$ $^{0}/_{0}$, au cours de 94,15?*

Le courtage est égal à . . $0^{fr},125 \times 0,9415 = 0^{fr},117$

Un titre coûte donc . . $94^{fr},15 + 0^{fr},117 = 94^{fr},267$

Puisque 94^{fr},267 rapportent . . . . . . $4^{fr},50$

1 franc rapportera . . . . $\dfrac{4^{fr},50}{94,267}$

100 francs rapporteront . . . $\dfrac{4,50 \times 100}{94,267} = 4^{fr},77$

PROBLÈME 33. — *Vaut-il mieux acheter du 3 $^{0}/_{0}$ au cours de 69,25 que du 4 $\frac{1}{2}$ $^{0}/_{0}$ au cours de 97,35?*

Le courtage pour un titre 3 $^{0}/_{0}$ est $0^{fr},125 \times 0,6925 = 0^{fr},086$

—   —   4$\frac{1}{2}$ $^{0}/_{0}$ $0^{fr},125 \times 0,9735 = 0^{fr},121$

Donc 3 francs de rente coûtent $69,25 + 0,086 = 69^{fr},336$

et 4^{fr},5 de rente coûtent . . $97,35 + 0,121 = 97^{fr},471.$

Intérêt de 100ᶠʳ en 3 °/₀		Intérêt de 100ᶠʳ en 4 ½ °/₀	
69ᶠʳ,336 rapportent	3ᶠʳ	97ᶠʳ,471 rapportent	4ᶠʳ,50
1ᶠʳ.	$\dfrac{3}{69,336}$	1ᶠʳ.	$\dfrac{4,50}{97,471}$
100ᶠʳ. . .	$\dfrac{300}{69,336} = 4$ᶠʳ,32	100ᶠʳ. .	$\dfrac{450}{97,471} = 4$ᶠʳ,61

Le 4 ½ °/₀ est plus avantageux.

ACTIONS ET OBLIGATIONS.

83. Actions industrielles. — Les rentes françaises et étrangères ne sont pas le seul objet des marchés de Bourse ; on y négocie aussi une foule d'autres valeurs, et principalement les actions et obligations des Compagnies industrielles.

Quand il s'agit d'organiser une entreprise considérable, comme la construction d'un chemin de fer, des capitalistes s'associent en *compagnie*, et fixent le capital reconnu nécessaire ; soit 100 millions de francs. Ce capital est divisé en parties égales que nous supposerons de 500 francs, et qui seront au nombre de 200000. Ces 200000 parts du capital social, sous le nom d'*actions*, sont offertes au public. Ceux qui ont confiance dans le succès de l'entreprise, en achètent et deviennent ainsi en réalité associés de la Compagnie, à laquelle ils ont apporté leur argent. Chaque année le Conseil d'administration établit le compte des recettes et des dépenses, fait connaître aux actionnaires la situation de l'entreprise, et la part de bénéfice attribuée à chaque action : cette part est ce qu'on appelle *dividende*.

Si les dividendes sont considérables , les actions sont recherchées par ceux qui n'en ont pas, et se vendent alors à des prix plus ou moins élevés au-dessus du *pair*, qui est leur prix d'émission, 500ᶠʳ. C'est ce qui est arrivé généralement pour les actions des grandes Compagnies de chemins de fer français. D'autres Compagnies ne font que des recettes de peu d'importance, et ne peuvent donner que de modiques dividendes, ou même rien. Leurs actions perdent alors de leur valeur ; ceux qui les possèdent cherchent à s'en défaire, et les abandonnent à des prix plus ou moins inférieurs à celui qu'ils avaient payé.

84. Obligations industrielles. — En outre du capital social, les Compagnies, pour donner de l'extension à leurs entreprises, sont souvent autorisées par l'État à contracter des emprunts auprès du public. Les titres délivrés dans ce cas, aux souscripteurs qui prêtent leur argent, s'appellent *obligations;* les obligations donnent annuellement un revenu fixe, au lieu que celui des actions est variable.

Les obligations ont un privilége sur les actions; car le dividende ne peut être distribué aux actionnaires qu'après le prélèvement des fonds nécessaires pour payer aux porteurs d'obligations le revenu annuel qui leur est dû, et pour amortir, c'est-à-dire rembourser l'emprunt au bout d'un certain nombre d'années. Le revenu des actions et des obligations est ordinairement payé par semestre.

Sur les titres industriels, actions et obligations, sont imprimés en ligne un certain nombre de petits carrés dans chacun desquels se lit la date de l'échéance du dividende, ou du revenu semestriel; ceux des obligations indiquent de plus la quotité de ce revenu. Pour toucher son argent, le porteur du titre *découpe* le carré du semestre échu, et remet le *coupon* au caissier de la compagnie, ou à des banquiers, en échange de la somme qui lui est comptée en espèces.

Pour se libérer d'un emprunt, la Compagnie rembourse chaque année un certain nombre d'obligations qui sont tirées au sort; le prix du remboursement fixé au moment où l'emprunt a été contracté est généralement supérieur au capital représentant le revenu qu'elles produisent. Par exemple la plupart des obligations des chemins de fer français rapportent un intérêt annuel de 15 francs, payable en deux coupons de 7^{fr},50, et sont remboursées à 500 francs.

Dans certains emprunts, les obligations sorties au tirage reçoivent, en outre du capital remboursé, une *prime*, c'est-à-dire une somme plus ou moins forte, qui a été fixée dans les conditions de l'emprunt. Par exemple, la ville de Paris a contracté en 1865 un emprunt dont les obligations, émises à 450 francs, sont remboursables à 500 francs, et rapportent 20 francs payables en deux coupons de 10 francs, le 1er février et le 1er août. Il y a quatre tirages par an : le 15 mars, le 15 juin, le 15 septembre, le 15 décembre. A chaque tirage, le 1er numéro sortant gagne une prime de 150000 francs; le 2e une prime de 50000 francs; les 3e, 4e, 5e et 6e, une prime de 10000 francs; les 7e, 8e, 9e, 10e et 11e une prime de 5000 francs, et les 10 suivants, une prime de 2000 francs. Ces emprunts sont une véritable loterie, où l'on est assuré de retirer, au bout d'un temps plus ou moins long, le montant de son billet, avec la chance d'avoir en même temps un lot qui peut être considérable.

BANQUES.

85. Des banques en général. — Une *banque* est un établissement commercial qui opère sur l'argent et les valeurs qui le représentent.

Elle prête de l'argent à ceux qui en ont besoin, moyennant garantie ; elle en reçoit des particuliers, à qui elle paye un intérêt moins fort que celui qu'elle exige des emprunteurs. Elle escompte les billets qui ne sont pas encore à l'échéance ; paye les coupons des titres industriels ; se charge de garder ces titres dans ses coffres ; opère pour le compte d'autrui des payements et des recouvrements, même dans d'autres villes que celle où elle est située, etc.

Les banques ne donnent pas toutes la même extension à leurs affaires, et comme toute maison de commerce, elles se restreignent dans les limites des ressources dont elles disposent.

Banque de France. — Le plus important de ces établissement est la *Banque de France*, qui fut fondée en 1803. Par une loi elle a le privilége d'émettre des billets qui circulent dans le commerce, comme une véritable monnaie, en inspirant la même confiance; car on est assuré que la banque avec sa fortune est toujours en état de les payer en monnaie métallique. Ces billets sont de 1000fr, de 500fr, de 100fr, et de 50fr. Il y a aussi des billets de 200fr, mais la banque les retient à mesure qu'ils lui reviennent et n'en fabrique plus.

Son capital se compose de 182500 actions d'une valeur nominale de 1000 francs, qui s'est élevée au-dessus de 3000, en raison des dividendes considérables qu'ont reçus les actionnaires : il y a en outre un fonds de réserve. Le privilége de la Banque a été prorogé, par la loi du 9 juin 1857, jusqu'au 31 décembre 1897.

La direction de ses affaires est exercée par un gouverneur, assisté de deux suppléants, nommés tous trois par l'Empereur. Ils composent le Conseil général de la Banque avec 18 administrateurs désignés par les actionnaires; trois d'entre eux portent le titre de *censeurs*, et les 15 autres sont les *régents*. La Banque escompte les effets de commerce pour 90 jours au plus et 3 jours au moins. Le taux de l'escompte est fixé par le Conseil général. La loi de 1857 lui permet de l'élever au-dessus de 6 %.

CHAPITRE VII

RÈGLES DE SOCIÉTÉ

—

86. Règle de société. — La répartition d'un bénéfice, ou même d'une perte, entre les associés d'une entreprise commerciale ou industrielle, se fait d'après une règle qui porte, en arithmétique, le nom de *règle de société*.

Cette règle est dite *simple*, quand les mises des associés sont restées pendant le même temps dans l'entreprise ; elle est dite *composée*, quand les mises, étant inégales, sont restées placées pendant des temps inégaux.

87. Règle de société simple. —Problème 34. — *Trois personnes, associées pour un commerce, ont fait un bénéfice de 1120 francs. Que revient-il à chacune, la première ayant mis en société 1240 francs, la deuxième 1580 francs, et la troisième 2370 francs ?*

D'abord la somme des trois mises est . . . . . 5190^{fr}

Avec 5190^{fr} on a gagné . . . . 1120^{fr}

Avec 1^{fr} on aurait gagné . . . . $\dfrac{1120^{fr}}{5190}$

La première personne aura donc $\dfrac{1120 \times 1240}{5190} = 267^{fr},56$

La 2e . . . . $\dfrac{1120 \times 1580}{5190} = 340^{fr},96$

La 3e . . . . $\dfrac{1120 \times 2370}{5190} = 511^{fr},44$

On est ainsi conduit à la règle suivante :

Règle I. — *Pour partager un bénéfice, ou une perte, entre plusieurs associés dont les mises ont été placées pendant le même temps, on divise le bénéfice ou la perte par la somme des mises, et on multiplie le quotient par chaque mise.*

Remarque. — Le calcul peut être effectué de deux manières.

1° On indique seulement, comme ci-dessus, la division du bénéfice par la somme des mises. On multiplie le numérateur de la fraction par chaque mise, et on divise le produit par la somme des mises. On a ainsi à faire autant de multiplications qu'il y a de parts à chercher, et autant de divisions; mais on est certain que les résultats sont exacts jusqu'aux centimes, si la division est arrêtée aux centimes.

2° En effectuant la division du bénéfice total par la somme des mises, ce qui donne le bénéfice qui revient à 1 franc, on n'aurait plus que trois multiplications à exécuter ; ce qui serait beaucoup plus rapide. Mais dans ce cas on doit d'abord chercher, d'après la règle du n° 52 (4°), le nombre des chiffres décimaux qu'il est indispensable d'avoir au multiplicande pour que le produit de la multiplication soit exact jusqu'aux centimes.

Dans le problème ci-dessus, le multiplicateur le plus fort étant 2370, le nombre des chiffres décimaux que doit avoir le multiplicande est égal à $2 + 4 = 6$. Ainsi on cherchera le bénéfice produit par 1 franc, avec six chiffres décimaux, ce qui donne $0^{fr},215799$.

On multiplie ensuite ce résultat par chacune des trois mises, et on supprime aux produits tous les chiffres décimaux qui sont à la droite de celui des centimes.

Lorsque les mises sont considérables, il y a avantage à opérer les multiplications d'après la méthode abrégée (52, 5°). Nous allons en donner un exemple dans le problème suivant.

Problème 35. — *Un négociant en faillite ne laisse que 41267 francs à ses créanciers, qui sont au nombre de trois. Au premier il etait dû 25618 francs ; au second, 32785 francs ; au troisième, 54693 francs. Que reviendra-t-il à chacun ?*

La somme des trois dettes est . . . . . . 113096^{fr}

Pour payer 113096^{fr} on donne . . . . . . 41267^{fr}

Pour payer 1^{fr} on donnera . . . . $\dfrac{41267^{fr}}{113096}$

Avant de commencer la division, déterminons d'abord combien nous devons obtenir de chiffres décimaux au quotient, pour qu'en le multipliant par les trois dettes, d'après la méthode abrégée (52, 5°), nous ayons des résultats exacts jusqu'aux centimes. Les multiplicateurs ont cinq chiffres ; or le chiffre des unités du multiplicateur écrit à rebours devant être placé sous le chiffre des dix-millièmes du multiplicande, il faudra obtenir le quotient avec $4+4=8$ chiffres décimaux, ce qui donne 0,36488469.

TABLEAU DES OPÉRATIONS

| 0,36488469 | 0,36488469 | 0,36488469 |
81652	58723	59645
72976938	109465407	182442345
18244230	7297692	14595584
2189504	2554188	2189504
36488	291904	328392
29184	18240	10944
93476144	119627451	199566369

1ʳᵉ part : 9347fr. 62   2ᵉ part : 11962 fr. 75   3ᵉ part : 19956 fr. 64

88. Règle de société composée. — Lorsque les mises inégales sont restées dans l'entreprise pendant des temps inégaux, la répartition du bénéfice (ou de la perte) ne doit pas être effectuée seulement proportionnellement au montant des mises, mais aussi proportionnellement au temps pendant lequel chaque mise est restée dans l'association. Nous allons montrer, dans le problème suivant, la marche à suivre pour opérer le partage conformément à cette double condition.

PROBLÈME 36. — *Un homme entreprend un commerce avec 4110 francs. 4 mois après, il prend un associé qui lui apporte 3620 francs ; et 1 mois après le second, un troisième associé fournit 2540 francs. Au bout d'un an on a réalisé un bénéfice de 3428 francs. Que revient-il à chaque associé ?*

L'argent du premier est resté en commerce pendant 1 an ou 12 mois ; celui du second pendant 8 mois, et celui du troisième pendant 7 mois.

Le premier, ayant mis 4110 francs pendant 12 mois, doit avoir le même bénéfice que s'il avait mis pendant 1 mois seulement une somme 12 fois plus forte qui serait $4110 \times 12 = 49320^{\text{fr}}$.

Le second doit avoir le même bénéfice que s'il avait mis pendant 1 mois une somme 8 fois plus forte, c'est-à-dire . . . . . $3620 \times 8 = 28960^{\text{fr}}$.

Le troisième aura le même bénéfice que s'il avait mis pendant 1 mois une somme 7 fois plus forte, c'est-à-dire . . . . $2540 \times 7 = 17780^{\text{fr}}$.

La question est ainsi ramenée à diviser le bénéfice, comme si les mises étaient 49320^{fr} pour le premier ; 28960^{fr} pour le second ; 17780^{fr} pour le troisième, pendant le même temps. Il n'y a plus qu'à appliquer la règle du n° 87.

TABLEAU DES CALCULS

$$4110 \times 12 = 49320$$
$$3620 \times 8 = 28960$$
$$2540 \times 7 = 17780$$
$$\overline{96060}$$

$$\frac{3428}{96060} = 0,0356860$$

1re part $0,0356860 \times 49320 = 1760^{\text{fr}},03$
2e part $0,0356860 \times 28960 = 1033, 47$
3e part $0,0356860 \times 17780 = \overline{634, 50}$

Vérification. . . . 3428, 00

Ce qui précède peut être résumé dans la règle suivante.

RÈGLE II. — *Pour résoudre une question de société composée, il faut multiplier chaque mise par le temps correspondant, faire le total des produits, diviser par ce total la somme à partager, et multiplier le quotient par chacun des produits.*

OBSERVATION. — La règle de société rentre dans une question plus générale : *le partage d'un nombre en parties proportionnelles à des nombres donnés*, qui va faire l'objet du chapitre suivant.

CHAPITRE VIII

PARTAGE D'UN NOMBRE PROPORTIONNELLEMENT A DES NOMBRES DONNÉS.

—

89. Définition. — On dit que *des nombres* a, b, c, d... *sont proportionnels à d'autres nombres* m, n, p, q....., *lorsque le rapport de deux nombres quelconques de la première suite est égal au rapport des deux nombres qui leur correspondent dans la seconde.*

D'après cette définition on a

$$\frac{a}{b} = \frac{m}{n}; \quad \frac{b}{c} = \frac{n}{p}; \quad \frac{c}{d} = \frac{p}{q}.$$

Cette relation peut être énoncée d'une autre manière. En effet si nous changeons les moyens de place dans ces trois proportions, nous aurons

$$\frac{a}{m} = \frac{b}{n}; \quad \frac{b}{n} = \frac{c}{p}; \quad \frac{c}{p} = \frac{d}{q};$$

par conséquent nous pouvons écrire

$$\frac{a}{m} = \frac{b}{n} = \frac{c}{p} = \frac{d}{q}.$$

D'après cela on peut dire aussi : *des nombres sont proportionnels à d'autres nombres, lorsque le quotient d'un nombre quelconque de la première suite divisé par le nombre correspondant de la seconde est constant.*

90. Problème 37. — *Partager une somme de 274 francs entre trois personnes proportionnellement aux nombres 6, 9 et 12.*

1° Regardons cette somme comme composée d'un certain nombre de parties égales. Si la 1re personne prend 6 de ces parties pour sa part, la 2e devra en prendre 9, et la 3e 12, ce qui fait en tout $6 + 9 + 12 = 27$ parties égales. On divisera donc 274^{fr} en 27 parties égales, et on multipliera une de ces parties par 6 pour la 1re personne, par 9 pour la 2e personne, et par 12 pour la 3e personne. De là résulte la règle suivante :

Règle I. — *Pour partager un nombre en parties proportionnelles à des nombres donnés, il faut additionner ces nombres, diviser par leur somme le nombre à partager, et multiplier le quotient par chacun des nombres donnés.*

2° On démontre souvent cette règle par les proportions. Nous allons exposer cette démonstration, quoiqu'elle soit bien moins simple que la précédente.

Si on désigne la 1re partie inconnue par x, la seconde par y, et la troisième par z, on aura d'après la seconde définition donnée ci-dessus (n° 89)

$$\frac{x}{6} = \frac{y}{9} = \frac{z}{12}.$$

Or dans une suite de rapports égaux le rapport entre la somme des numérateurs et la somme des dénominateurs est égal à l'un quelconque de ces rapports (n° 58). On a donc

$$\frac{x}{6} = \frac{y}{9} = \frac{z}{12} = \frac{x+y+z}{6+9+12} = \frac{274}{6+9+12} = \frac{274}{27}.$$

De là on tire

$$\frac{x}{6} = \frac{274}{27}, \text{ d'où } x = \frac{274 \times 6}{27} = \frac{274}{27} \times 6 = 60^{fr},818.$$

$$\frac{y}{9} = \frac{274}{27}, \text{ d'où } y = \frac{274 \times 9}{27} = \frac{274}{27} \times 9 = 91^{fr},332.$$

$$\frac{z}{12} = \frac{274}{27}, \text{ d'où } z = \frac{274 \times 12}{27} = \frac{274}{27} \times 12 = 121^{fr},776.$$

On arrive ainsi, mais plus longuement, à la règle déjà démontrée.

91. PROBLÈME 38. — *Diviser une longueur de 15 mètres en trois parties proportionnelles aux nombres* $1\frac{1}{2}$; $2\frac{3}{4}$; $3\frac{5}{6}$.

D'abord ces nombres ramenés au même dénominateur deviennent

$$\frac{18}{12}, \quad \frac{33}{12}, \quad \frac{46}{12}$$

On devra donc partager la longueur proposée en trois parties proportionnelles à 18 douzièmes, 33 douzièmes et 46 douzièmes, ou, ce qui revient au même, proportionnelles aux nombres 18, 33 et 46 ; car le rapport entre les nombres de douzièmes est le même que le rapport de ces nombres considérés comme exprimant des unités entières.

RÈGLE II. — *Quand on doit partager un nombre en parties proportionnelles à des nombres fractionnaires, on réduit d'abord ces nombres fractionnaires au même dénominateur, et la question est alors ramenée à partager le nombre en parties proportionnelles aux nombres entiers qui forment les numérateurs.*

RÉPARTITION DE L'IMPÔT ET DU CONTINGENT.

92. **De l'impôt.** — La règle du partage d'un nombre en parties proportionnelles à des nombres donnés trouve une importante application dans la répartition de l'impôt et du contingent militaire.

L'impôt foncier est celui qui est établi sur les immeubles (champs et constructions). Il est voté chaque année par le Corps législatif, et réparti entre les départements proportionnellement à leurs revenus. La part attribuée au département est subdivisée de la même manière entre les arrondissements, par le Conseil général; celle de l'arrondissement entre les communes, par le Conseil d'arrondissement; celle de la commune entre les habitants, par la commission des répartiteurs, agissant au nom de l'autorité communale.

La répartition de l'impôt exige par conséquent la connaissance du revenu foncier de chaque département, de chaque arrondissesement, de chaque commune, de chaque habitant ; c'est ce qui a pu être réalisé par l'établissement du cadastre. C'est un vaste plan de la France entière, où se trouvent indiquées pour chaque commune les propriétés de chaque particulier, avec leur étendue, leur nature, leur valeur et leur revenu probable.

Outre l'impôt foncier, il y a encore la contribution personnelle et mobilière, les contributions indirectes, les centimes additionnels ; mais ce n'est pas dans un traité d'arithmétique que des développements sur la nature de ces impôts seraient à leur place.

93. Contingent militaire. — Parmi les jeunes gens âgés de 20 ans, il y en a chaque année un certain nombre qui sont appelés au service militaire : ce nombre est fixé annuellement par un vote du Corps législatif. Il est réparti entre les départements proportionnellement au nombre des jeunes gens de cet âge qui composent le tableau de chaque département ; le contingent du département est subdivisé de la même manière entre les arrondissements : celui de l'arrondissement entre les cantons. Le tirage au sort désigne ceux qui dans chaque canton composeront le contingent.

PARTAGE D'UN NOMBRE EN PARTIES INVERSEMENT PROPORTIONNELLES A DES NOMBRES DONNÉS.

94. Problème 39. — *Un père en mourant laisse trois enfants âgés de 4 ans, 5 ans et 7 ans, et ordonne par testament que sa fortune, qui s'élève à 67400 francs, leur soit partagée en raison inverse de leurs âges : combien revient il à chacun ?*

1ʳᵉ Méthode. — Diviser la fortune en raison inverse des âges, c'est en faire trois parts inversement proportionnelles à ces âges. Pour plus de simplicité, désignons par x la part du plus jeune, par y celle du second, et par z celle de l'aîné. D'après l'énoncé, le rapport entre x et y devant être égal au rapport des âges pris en sens inverse, on aura

$$\frac{x}{y} = \frac{5}{4}, \quad \text{d'où } y = x \times \frac{4}{5},$$

ce qui signifie que la part du second sera les $\frac{4}{5}$ de celle du plus jeune.

Pour la même raison, on aura

$$\frac{x}{z} = \frac{7}{4}, \quad \text{d'où } z = x \times \frac{4}{7},$$

ce qui signifie que la part de l'aîné sera les $\frac{4}{7}$ de celle du plus jeune.

Si donc le plus jeune prenait 1 franc, le second n'aurait que $\frac{4}{5}$ de franc, et l'aîné $\frac{4}{7}$ de franc, ou, en divisant ces trois quantités par 4, si le plus jeune prenait $\frac{1}{4}$ de franc, le second aurait $\frac{1}{5}$ de franc, et l'aîné $\frac{1}{7}$ de franc. On voit par là que le problème revient à partager la fortune proportionnellement à $\frac{1}{4}$, $\frac{1}{5}$, $\frac{1}{7}$, c'est-à-dire proportionnellement aux inverses des âges (*).

On arrive ainsi à la règle suivante :

RÈGLE III. — *Pour partager une quantité en parties inversement proportionnelles à des nombres donnés, il faut la partager en parties proportionnelles aux quotients obtenus en divisant 1 par les nombres donnés.*

Pour résoudre le problème proposé, il faut d'abord réduire les fractions $\frac{1}{4}$, $\frac{1}{5}$, $\frac{1}{7}$ au même dénominateur, ce qui donne les fractions $\frac{35}{140}$, $\frac{28}{140}$, $\frac{20}{140}$. On partagera donc 67400 proportionnellement aux nombres 35, 28 et 20.

______

(*) On appelle *inverse* d'un nombre le quotient de 1 divisé par ce nombre.

TABLEAU DES CALCULS.

$$\frac{1}{4} \quad \frac{1}{5} \quad \frac{1}{7} \qquad\qquad 35 + 28 + 20 = 83$$

$$\frac{35}{140} \quad \frac{28}{140} \quad \frac{20}{140} \qquad\qquad \frac{67400}{83} = 812,0482$$

part du plus jeune $812^{fr},0482 \times 35 = 28421^{fr},687$

— du second... $812, 0482 \times 28 = 22737, 349$

— de l'aîné. . . $812, 0482 \times 20 = 16240, 964$

Vérification. . $67400, 000$

2ᵉ Méthode. — Le problème proposé revient à celui-ci : *partager 67400 francs en trois parties telles que la part du second enfant soit les* $\frac{4}{5}$ *de celle du plus jeune, et que la part de l'aîné soit les* $\frac{4}{7}$ *de la part du plus jeune.*

En répétant la première démonstration du problème 37 (nᵒ 90), considérons la somme comme divisée en plusieurs parties égales, et supposons que le plus jeune en reçoive 35 pour sa part ; le second en aura les $\frac{4}{5}$ de 35 ou 28 ; l'aîné en aura les $\frac{4}{7}$ de 35 ou 20 ; ce qui fait en tout $35 + 28 + 20 = 83$ parties égales. On divisera donc 67400 par 83, et on multipliera le quotient par chacun des trois nombres de parties égales.

On arrive ainsi aux mêmes résultats que précédemment, mais par un raisonnement plus simple, qui peut s'appliquer à toutes les questions du même genre.

Observation. — Pour avoir des nombres entiers de parties égales, il suffit de prendre pour la part de laquelle dépendent les autres un nombre de parties égal au produit des dénominateurs des fractions qui expriment les relations existant entre les parts demandées.

3ᵉ Méthode. — On peut aussi résoudre très-simplement ces problèmes en se servant de la notation employée dans les proportions, comme aux problèmes 14, 15 et 16 (pages 43 et 44).

En effet, représentons par x la part inconnue du plus jeune; celle du second sera les $\frac{4}{5}$ de x ou $\frac{4\,x}{5}$, celle de l'aîné sera les $\frac{4}{7}$ de x ou $\frac{4\,x}{7}$. Si nous écrivons maintenant que la somme de ces trois parts doit être égale à 67400^{fr}, nous aurons

$$x + \frac{4\,x}{5} + \frac{4\,x}{7} = 67400.$$

Cette égalité où entrent des nombres inconnus est appelée *équation* : ce n'est autre chose que l'énoncé du problème écrit au moyen d'abréviations particulières.

Pour plus d'uniformité réduisons tous les termes au même dénominateur; nous avons

$$\frac{35\,x}{35} + \frac{28\,x}{35} + \frac{20\,x}{35} = \frac{2359000}{35}.$$

Il est évident que les deux membres resteront égaux si on les multiplie par 35, ce qui se fait en supprimant le dénominateur commun (*).

On a donc

$$35\,x + 28\,x + 20\,x = 2359000$$

ou $$83\,x = 2359000.$$

Puisque 83 fois le nombre inconnu représenté par x égalent 2359000, ce nombre égalera la 83e partie de 2359000; on aura ainsi

$$x = \frac{2359000}{83} = 28421^{fr},686.$$

Il ne reste plus qu'à prendre les $\frac{4}{5}$ de ce résultat pour avoir la part du second, et les $\frac{4}{7}$ pour avoir la part de l'aîné.

(*) On appelle *membres* d'une égalité ou d'une équation les deux parties de l'égalité ou de l'équation séparées par le signe $=$.

CHAPITRE IX

MOYENNE ET MÉLANGE

—

95. Définition de la moyenne. — *La* moyenne *de plusieurs quantités est le quotient qu'on obtient en divisant leur somme par le nombre de ces quantités.*

Par exemple un homme ayant gagné un jour $6^{fr},50$, le lendemain $8^{fr},60$ et le surlendemain $9^{fr},50$, le bénéfice total de ces trois jours est $24^{fr},60$. C'est comme s'il avait gagné chaque jour le tiers de cette somme. Ce tiers, qui est égal à $8^{fr},20$, est le bénéfice moyen par jour.

Il ne faut pas confondre la *moyenne* (ou *moyenne arithmétique*) de deux nombres avec leur *moyenne proportionnelle* (ou *moyenne géométrique*). La première n'est autre chose que leur demi-somme; la seconde est la racine carrée de leur produit.

Ainsi la moyenne des deux nombres **9** et **5** est

$$\frac{9+5}{2} = \frac{14}{2} = 7.$$

Leur moyenne proportionnelle est

$$\sqrt{9 \times 5} = \sqrt{45} = 6,708.$$

Les moyennes sont d'un fréquent usage. Par exemple trois expérimentateurs cherchent la dilatation qu'éprouve une barre de fer qui a été chauffée ; l'un trouve $14^{mm},52$; le second $14^{mm},54$; le troisième $14^{mm},57$. Comme il est probable que les erreurs commises inévitablement par les trois expérimentateurs ne sont pas toutes dans le même sens, c'est-à-dire que ces résultats sont les uns trop forts, les autres trop faibles, on peut admettre qu'une compensation plus ou moins complète s'établit entre eux, et que leur moyenne diffère moins de la longueur véritable.

Dans la météorologie, il est souvent question de la température moyenne du jour, du mois, de l'année en un lieu donné ; de la moyenne hauteur barométrique, etc.

96. Prix moyen d'un mélange. — Aux questions de moyenne se rattache la règle de mélange.

Elle a pour but de faire connaître le prix moyen de plusieurs choses de même espèce, mêlées en quantités plus ou moins différentes. *Elle se réduit à chercher le prix total, et à le diviser par le nombre d'unités des choses mélangées.*

PROBLÈME 40. — *Un homme a acheté 12 hectolitres de blé à 23^{fr},74 l'hectolitre ; 19 hectolitres à 21^{fr},65 ; et 38 hectolitres à 20^{fr},85. Quel est le prix moyen de l'hectolitre ?*

12 hectolitres à 23^{fr},75 ont coûté	$23,75 \times 12 =$	285^{fr},00
19 — à 21,65 —	$21,65 \times 19 =$	411 ,35
38 — à 20,85 —	$20,85 \times 38 =$	792 ,50

les $\overline{69}$ hectolitres du mélange valent. . . . . $\overline{1488^{fr},65}$

1 hectolitre vaudra . . . . $\dfrac{1488,65}{69} = 21^{fr},57.$

PROBLÈME 41. — *Un marchand achète un tonneau de vin de 216 litres qui lui coûte 264^{fr}, plus 12^{fr},45 pour le transport. Il y ajoute 25 litres d'eau (*), et veut encore gagner 30 °/₀ du prix déboursé. Combien doit-il revendre la bouteille de ce vin contenant 80 centilitres, le prix de la bouteille vide étant de 18 centimes ?*

Par le mouillage le marchand a $216 + 25 = 241$ litres.

Il doit retirer de la vente l'argent déboursé . . 276^{fr},45

plus les 30 centièmes de cette somme, ou . . . 82 ,93

ce qui fait une somme totale de . . . . $\overline{359^{fr},38}$

Le nombre des bouteilles de vin est . . $\dfrac{241}{0,80} = 301 ;$

(*) C'est ce qu'on appelle *mouillage* du vin.

le prix du vin de la bouteille est donc .   . $\dfrac{359,38}{301} = 1^{\text{fr}},19.$

En y ajoutant pour le prix du verre. .   .   .   .   . $0^{\text{fr}},18$

on trouve que le marchand doit vendre la bouteille de vin $\overline{1^{\text{fr}},37}$

97. De la proportion selon laquelle un mélange doit être fait. — Les problèmes sur les mélanges se présentent aussi sous une forme inverse ; c'est quand il s'agit de chercher quelles quantités il faut mêler de choses de même espèce et de prix différents, pour que leur mélange ait une valeur déterminée d'avance. Les exemples suivants montreront la marche à suivre.

PROBLÈME 42. — *On veut mêler du vin de 45 centimes le litre avec du vin de 58 centimes, de manière que le litre du mélange revienne à 50 centimes : dans quel rapport faut-il faire ce mélange ?*

Pour un litre de la 1re qualité mis dans le mélange, on gagne 5 centimes ; pour un litre de la 2e qualité, on perd 8 centimes. Par conséquent, en prenant 8 litres de la 1re qualité, on gagne 8 fois 5 centimes ou 40 centimes ; en y joignant 5 litres de la 2e qualité, on perd 5 fois 8 centimes ou 40 centimes. De cette manière la perte et le gain se compensent.

Ainsi pour 8 litres de la 1re qualité, on mettra 5 litres de la 2e ; pour 2 fois, 3 fois... 8 litres de la 1re, on mettra 2 fois, 3 fois... 5 litres de la 2e. Les deux nombres de litres qui entreront dans

le mélange seront donc l'un les $\dfrac{8}{5}$ de l'autre.

En disposant les nombres comme ci-dessus, on voit que *la différence entre le prix moyen et celui de la 1re qualité indique le nombre de litres de la 2e qualité qu'il faut prendre, et la différence entre le prix moyen et celui de la 2e qualité indique le nombre de litres de la 1re qu'il faut y ajouter.*

PROBLÈME 43. — *On veut remplir une barrique de 65 litres avec de l'eau-de-vie du prix de $1^{\text{fr}},35$ le litre et de l'eau-de-vie du prix de $1^{\text{fr}},50$, de manière que le litre du mélange revienne à $1^{\text{fr}},42$. Combien faut-il mettre de litres de chaque qualité ?*

1,42   1,35   8   D'après la règle suivie au problème précédent, on trouve d'abord que, pour 8 litres de la première qualité, il en faut 7 de la seconde, ce qui fait seulement un mélange de

1,50   7

15 litres. On devra donc mettre autant de fois 8 litres de la première, et 7 litres de la seconde qu'il y a de fois 15 dans 65.

Le nombre des litres de la 1re qualité est

$$8^l \times \frac{65}{15} = 8 \times \frac{13}{3} = \frac{104}{3} = 34^l,62;$$

le nombre des litres de la 2e qualité est

$$7^l \times \frac{65}{15} = 7 \times \frac{13}{3} = \frac{91}{3} = 30^l,33.$$

REMARQUE. — Il est bon d'observer que la résolution du problème revient à partager 65 litres proportionnellement aux nombres 8 et 7.

PROBLÈME 44. — *Un homme a 24 litres d'eau-de-vie du prix de 1^{fr},35 le litre. Combien doit-il y ajouter de litres d'eau, pour que le litre du mélange soit seulement du prix de 1^{fr},30 ?*

1re MÉTHODE. — En résolvant cette question comme la précédente, on trouve d'abord que, pour 130 litres d'eau-de-vie, il faut mettre 5 litres d'eau, ou, ce qui est la même chose, en divisant ces deux nombres par 5, que pour 26 litres d'eau-de-vie il faut 1 litre d'eau.

Pour 1 litre d'eau-de-vie la quantité d'eau sera . . . . $\dfrac{1^l}{26}$

et pour 24 litres la quantité d'eau sera . . $\dfrac{1^l}{26} \times 24 = 0^l,92.$

Ainsi aux 24 litres d'eau-de-vie on ajoutera 93 centilitres d'eau.

2e MÉTHODE. — Voici un raisonnement plus naturel, et par conséquent plus simple.

Les 24 litres d'eau-de-vie coûtant $1^{fr},35 \times 24 = 32^{fr},40,$

Il y a à chercher combien on doit avoir de litres pour la même somme, au prix de 1^{fr},30 le litre. Il faut donc diviser 32,40 par 1,30, ce qui donne 24^l,92.

98. Mélange de plusieurs choses. — Lorsqu'il y a plus de deux choses de prix différents à mélanger, on suit la même marche que lorsqu'il y en a seulement deux.

PROBLÈME 45. — *Un aubergiste a trois tonneaux de vin, le premier du prix de 43 centimes le litre, le second du prix de 47 centimes, et le troisième du prix de 58 centimes. Combien doit-il prendre de litres dans chaque tonneau pour remplir un hectolitre de manière que le litre revienne à 50 centimes ?*

43	8
47	8
50	
58	7 + 3

Avec 1 litre de la 1re qualité il gagne 7 centimes, et avec 1 litre de la 3e, il perd 8 centimes ; donc pour 8 litres de la 1re, il devra mettre 7 litres de la 3e.

Avec un litre de la 2e qualité, il gagne 3 centimes, et avec un litre de la 3e il perd 8 centimes ; donc pour 8 litres de la 2e, il mettra encore 3 litres de la 3e.

Ainsi la compensation sera complète en mêlant 8 litres de la 1re qualité, 8 litres de la 2e, et 10 litres de la 3e ; ce qui fait un mélange de 26 litres. Par conséquent, autant de fois il y aura 26 litres dans 100 litres, autant de fois on prendra 8 litres du premier tonneau, 8 litres du second, et 10 litres du troisième.

Le nombre de litres du 1er est donc . $\quad 8^l \times \dfrac{100}{26} = 30^l,77$

Le nombre de litres du 2e est aussi . . . . . . $30,77$

Le nombre de litres du 3e est . . . $\quad 10^l \times \dfrac{100}{26} = 38,46$

$$\overline{\qquad\qquad 100^l,00}$$

REMARQUE. — On pourrait aussi mélanger d'abord deux quantités des vins du prix inférieur au prix qu'on veut obtenir ; on chercherait le prix moyen du mélange, et on opérerait ensuite le mélange de ce nouveau vin avec le vin de la qualité supérieure.

Par exemple, supposons qu'on mêle d'abord 20 litres du premier tonneau avec 30 litres du second.

Les 20 litres du 1er tonneau valent $\quad 0^{fr},43 \times 20 = 8^{fr},60$

les 30 litres du 2e tonneau valent $\quad . \quad 0^{fr},47 \times 30 = 14\phantom{^{fr}},10$

les 50 litres du mélange valent . . . . . $\quad \overline{22^{fr},70}$

et 1 litre vaut . . . . $\dfrac{22,70}{50} = 0^{fr},45$

Il reste maintenant à mélanger du vin de 45 centimes avec du vin de 58 centimes, pour en faire un hectolitre du prix de 50 centimes. On voit par là que le problème aurait une infinité de solutions : c'est ce qu'on appelle *problème indéterminé*.

CHAPITRE X

ALLIAGES ET CHANGES.

—

99. Titre d'un alliage. — On appelle *alliages* des mélanges de métaux différents fondus ensemble. Les problèmes auxquels ils donnent lieu ne sont que des problèmes de mélange, et se résolvent par conséquent de la même manière.

Ces questions concernent ordinairement l'or et l'argent alliés d'une certaine quantité de cuivre, qui est destinée à leur donner plus de dureté. La valeur d'un lingot d'or ou d'argent d'un poids déterminé varie, selon qu'il contient plus ou moins de cuivre; il est donc nécessaire de reconnaître dans quelle proportion le cuivre entre dans l'alliage. Cette recherche fort délicate est effectuée au moyen de procédés chimiques par les *essayeurs*. On appelle *titre* la fraction qui indique quelle partie le poids de l'or ou de l'argent fin (c'est-à-dire pur) est du poids total. Ainsi dans les monnaies d'or françaises, dont le titre est 0,900, le poids de l'or fin est égal à 900 fois la millième partie du poids de la pièce.

Règle. — De ce qui précède il résulte que *pour calculer le titre d'un alliage d'or ou d'argent, il faut diviser le poids d'or ou d'argent fin par le poids total.*

Problème 46. — *On a fait fondre ensemble une pièce d'or française de 20^{fr}, qui pèse 6^{gr},4516, au titre de 0,900; un souverain, pièce d'or anglaise qui pèse 7^{gr}, 98, au titre de 0,916; une boîte de montre en or pesant 136^{gr}, au titre de 0,800. On y ajoute encore 25^{gr} d'or fin et 12^{gr} de cuivre. Quel est le titre du lingot d'or ainsi obtenu?*

	POIDS DES OBJETS.	POIDS D'OR FIN.
Pièce française . . .	$6^{gr},45161 \times 0,900 =$	$5^{gr},80644$
Souverain	$7, 98000 \times 0,916 =$	$7, 27968$
Boîte	$156, 00000 \times 0,800 = 108, 8$	
Or fin	25	25
Cuivre	12	
Poids total.	$187^{gr},45161$	$146, 88612$

Le titre cherché sera. . . . . . . $\dfrac{146,88612}{187,45161} = 0,784.$

Ainsi le poids d'or fin de ce lingot est seulement égal à 784 fois la millième partie de son poids.

PROBLÈME 47. — *Quel poids de cuivre faut-il faire fondre avec un anneau d'or au titre de 0,920, et pesant 285 grammes, pour obtenir de l'or au titre monétaire de 0,900 ?*

Le poids d'or fin contenu dans le lingot qu'on obtiendra après la fusion sera égal à . . . . . . $285^{gr} \times 0,920 = 262^{gr}, 2.$

Or ce poids doit être les 900 millièmes du poids total qu'aura le lingot.

Puisque 900 millièmes du poids total doivent égaler $262^{gr},2$

1 millième de ce poids sera . . . . $\dfrac{262^{gr},2}{900},$

le poids sera donc . . . . . $\dfrac{262^{gr},2 \times 1000}{900} = 291^{gr},33.$

Le poids de cuivre cherché est $291,33 - 285 = 6^{gr},33.$

PROBLÈME 48. — *Un lingot d'or pesant 358 grammes, au titre de 0,840, a été acheté par l'hôtel des monnaies. Combien devra-t-on y ajouter de grammes d'or fin, en le faisant fondre, pour obtenir de l'or au titre monétaire de 0,900 ?*

Le poids d'or de ce lingot est $358^{gr} \times 0,840 = 300^{gr},72.$

Désignons par x le poids d'or inconnu à lui ajouter.
Le poids d'or fin du lingot sera représenté par $300,72 + x$;
le poids total du lingot par $358 + x$.

Le rapport entre ces deux poids devant être $0,900$ ou $\dfrac{9}{10}$, on a

la proportion

$$\frac{300,72 + x}{358 + x} = \frac{9}{10}$$

Comme on peut dans une proportion diminuer chaque dénominateur de son numérateur, on a

$$\frac{300,72 + x}{57,28} = \frac{9}{1}, \qquad \text{d'où } 300,72 + x = 57,28 \times 9$$

ou

$$x + 300,72 = 515,52,$$

D'après cela, on connaîtra le nombre inconnu, en cherchant ce qu'il faut ajouter à 300,72 pour avoir 515,52, c'est-à-dire en retranchant 300,72 de 515,52. On obtient ainsi

$$x = 515,52 - 300,72 = 214^{\text{gr}},80.$$

Problème 50. — *Deux lingots d'argent sont l'un au titre de 0,150, et l'autre au titre de 0,925. Dans quel rapport faut-il les mêler, pour former un alliage au titre monétaire de 0,835 ?*

A 1 gramme du premier lingot il manquerait 85 milligrammes d'argent, et à 1 gramme du second il y aurait de trop 90 milligrammes d'argent. Donc si l'on prend 90 milligrammes du 1er lingot, il manque 90 fois 85 milligrammes d'argent, et si l'on prend 85 milligrammes du second, il y a de trop 85 fois 90 milligrammes d'argent, ce qui fait compensation exacte.

Ainsi avec 90 grammes du premier, il faudra prendre 85 grammes du second, ou, ce qui revient au même, en divisant ces deux nombres par 5, avec 18 grammes du premier, il faudra prendre 17 grammes du second.

Ancien titre. — Autrefois le titre de l'or était évalué en *carats*; ce mot carat signifiait 24e partie. Le titre de l'argent était évalué en *deniers*; le denier désignait la 12e partie. Ainsi de l'or à 18 carats contenait 18 fois la 24e partie de son poids d'or fin; de l'argent à 8 deniers contenait 8 fois la 12e partie de son poids d'argent fin. Quelques orfévres, quelques bijoutiers, surtout en province, ont encore l'habitude de se servir de ces titres, malgré les avantages du titre décimal évalué en millièmes. Il est facile de passer du titre ancien au nouveau; tout se réduit à convertir une fraction ordinaire en fraction décimale.

Ainsi le titre de 18 carats est égal à $\dfrac{18}{24} = 0,750$

le titre de 8 deniers est égal à $\dfrac{8}{12} = 0,666$.

100. Valeur d'un kilogramme d'or et d'argent. — L'Hôtel des monnaies achète les matières d'or ou d'argent qui lui sont présentées (lingots, bijoux, vaisselle, monnaies étrangères, etc.); mais dans cet achat il compte pour rien le cuivre qu'elles contiennent.

Or une pièce d'or française de 20 francs, au titre de 0,900, pesant 6^{gr},45161, contient seulement un poids d'or fin, égal à . . . . $6^{gr},45161 \times 0,900 = 5^{gr},806449$.

1^{gr} d'or à 0,900 vaut . . . . $\dfrac{20^{fr}}{6,45161}$'

1^{kgr} d'or à 0,900 vaut donc . . $\dfrac{20^{fr} \times 1000}{6,45161} = 5444^{fr},44$.

1^{gr} d'or fin vaut . . . . $\dfrac{20^{fr}}{5,809449}$'

1^{kgr} d'or fin vaut donc . . . $\dfrac{20^{fr} \times 1000}{5,809449} = 5100^{fr}$.

Mais la transformation de ces matières en pièces de monnaie occasionne des frais qui ont été fixés, par un décret de 1854, à 6^{fr},70 par kilogramme d'or à 0,900 ; donc pour un lingot d'or de 1 kilogramme au titre de 0,900, on ne recevra au change des monnaies que $5100^{fr} - 6^{fr},70 = 5093^{fr},30$.

Cette retenue de 6^{fr},70, imposée à un kilogramme d'or à 0,900, est faite sur un poids d'or fin de 900 grammes. Celle qui serait faite sur un kilogramme d'or fin doit être égale à

$$\frac{6^{fr},70 \times 1000}{900} = 7^{fr},44.$$

Ainsi pour un kilogramme d'or fin on ne recevra, au change des monnaies, qu'une somme égale à $5444^{fr},44 - 7^{fr},44 = 5437^{fr}$.

Les frais de fabrication de la monnaie d'argent ont été fixés à 1^{fr},50, par kilogramme d'argent au titre de 0,900. En raisonnant comme pour l'or, et en se rappelant que le franc, unité de monnaie, est toujours une pièce d'argent pesant 5 grammes qui serait au titre de 0,900, on trouve qu'un kilogramme d'argent à 0,900 vaut 200^{fr}, et qu'un kilogramme d'argent fin vaut 222^{fr},22.

Ainsi pour un kilogramme d'argent à 0,900 on ne recevra, au change des monnaies, que 200^{fr} — 1^{fr}50 = 198^{fr},50; pour un kilogramme d'argent fin on ne recevra que 222^{fr},22 — 1^{fr},66 = 220^{fr},56.

Ces résultats sont résumés dans le tableau suivant.

	TITRE	VALEUR RÉELLE	VALEUR AU CHANGE
Kilogramme d'or..... { fin	fin	3444^{fr},44	3437^{fr},00
	0,900	3100, 00	3093, 30
Kilogramme d'argent... {	fin	222, 22	220, 56
	0,900	200, 00	198, 50

Pour avoir le prix d'un lingot à un titre quelconque, il suffira de chercher le poids d'or ou d'argent fin qu'il renferme, et de multiplier par ce poids, évalué en grammes, le prix du gramme d'or ou d'argent fin au tarif du change.

PROBLÈME 50. — *La pièce d'or prussienne nommée double frédéric pèse légalement* 13^{gr},564, *et son titre légal est* 0,903. *Quelle est sa valeur au change des monnaies ?*

D'abord les pièces usées par la circulation subissent une diminution de poids; elles sont donc pesées à l'Hôtel des monnaies et reçues seulement pour le poids constaté par la balance, et non au poids légal (celui qu'elles ont reçu à la fabrication). De plus, comme le titre réel n'est pas toujours exactement le même que le titre légal, on détermine le titre par des analyses chimiques. L'Hôtel des monnaies a ainsi adopté 0,897 au lieu de 0,903, pour le titre de cette pièce.

Admettons que le poids de la pièce en question n'ait pas changé. Le poids d'or fin qu'elle contient est

$$13^{gr},364 \times 0,897 = 11^{gr},9875.$$

Or 1^{gr} d'or fin au tarif du change vaut. . . . . . . $3^{fr},437$
$11^{gr},9875$ vaudront. . . $3^{fr},437 \times 11,9875 = 41^{fr},20$ (*)

Problème 51. — *On a porté à l'Hôtel des monnaies un couvert d'argent pesant 194 grammes, et reconnu au titre de 0,800. Quelle somme recevra-t-on ?*

Le poids d'argent fin contenu dans le couvert est

$$194^{gr} \times 0,800 = 155^{gr},2.$$

Or 1^{gr} d'argent au tarif du change vaut . . . $0^{fr},22056$
$155^{gr},2$ vaudront . . . $0^{fr},22056 \times 155,2 = 34^{fr},25.$

Observation. — Dans ces opérations, le vendeur peut avoir à supporter quelquefois d'autres frais, tels que ceux d'affinage pour les matières qui sont au-dessous du titre légal.

101. Marché de l'or et de l'argent. — Ce n'est pas seulement à l'Hôtel des monnaies qu'on peut se procurer de la monnaie française en échange de monnaie étrangère; on en trouve aussi chez les *changeurs*, dont les opérations consistent particulièrement à vendre des monnaies d'un pays pour de la monnaie d'un autre, ou même à échanger de la monnaie d'or contre de la monnaie d'argent, ou des billets de banque d'un même pays, et réciproquement. Quant à l'or et l'argent non monnayés, ils ont une valeur fixe dont il est toujours possible de toucher le montant, en les portant à l'Hôtel des monnaies, comme on l'a expliqué précédemment. Cependant ces matières, employées aussi dans l'industrie, pour la fabrication d'une foule de choses autres que la monnaie, sont vendues et achetées, en variant de prix, comme toute marchandise, suivant qu'elles sont plus ou moins abondantes sur le marché.

A Paris, le kilogramme d'or fin, ou, comme on dit, l'or en barre à 1000 millièmes, est évalué dans le commerce à $3454^{fr},44$;

(*) C'est ainsi qu'ont été calculées les valeurs des monnaies étrangères du tableau qui est plus loin (page 117), d'après le titre constaté par les analyses, titre qui, pour la plupart des pièces, est un peu inférieur au titre légal.

le kilogramme d'argent fin à 218^{fr},89 (*). Quand le prix de vente est égal à ce prix, on dit qu'il est *au pair*; quand il augmente, on dit qu'il y a *prime* ou *agio*; quand il est au-dessous, on dit qu'il y a *escompte*. Ces variations sont inscrites au bulletin de la Bourse sous la forme suivante.

MONNAIES: MATIÈRES D'OR ET D'ARGENT.

Or en barre à 1000/ Kil. 3434,44 . . . . . . }	» à $\frac{1}{2}$ $^o/_{00}$ prime.
Argent en barre à 1000/ Kil. 218,89 . . . . . }	10 à 09 $^o/_{00}$ prime.

1000 / signifie de l'or ou de l'argent à 1000 millièmes, c'est-à-dire de l'or ou de l'argent fin ; $^o/_{00}$ signifie *pour mille*, comme $^o/_0$ signifie *pour cent*. D'après ce tableau, le prix du kilogramme d'argent surpasse 218^{fr},89 d'une quantité qui varie entre 10^{fr} et 9^{fr} pour 1000 francs.

PROBLÈME 52. — *Un orfèvre achète deux lingots d'argent à prime de 8 $^o/_{00}$, le premier pesant* 6^{kgr},742, *au titre de* 0,930; *le second pesant* 4^{kgr},157 *au titre de* 0,840. *Quelle somme doit-il débourser ?*

Poids d'argent fin du 1er lingot   6^{kgr},742 $\times$ 0,930 = 6^{kgr},27006
Poids   —   du 2e —   4,   157 $\times$ 0,840 = 3,   47508

Poids total   9,   74514
Valeur au pair   . . .   218^{fr},89 $\times$ 9,74514 = 2133^{fr},11
Prime . . . .   0^{fr},008 $\times$ 2133,11 =   17 ,06
Somme à débourser . . . .   2150^{fr},17

102. Titre légal des ouvrages d'orfévrerie. — L'acheteur ne pouvant par lui-même vérifier la plus ou moins grande quantité de cuivre qui entre dans un objet d'or ou d'argent,

(*) Ces prix sont les tarifs du kilogramme d'or et d'argent fins, d'après l'estimation du 14 juin 1829 pour le change des monnaies. Le commerce les a conservés, quoiqu'ils aient changé depuis, par suite de la diminution des frais de monnayage.

comme il s'assure de la qualité d'une marchandise quelconque, la loi a établi des dispositions pour le prémunir contre la fraude.

Elle a fixé trois titres pour les objets d'or : 0,920; 0, 840 et 0,750; deux titres pour les ouvrages d'argent : 0,950 et 0,800.

Avant d'être mis en vente, tout ouvrage d'orfévrerie doit être présenté à un *bureau de garantie* pour y recevoir le *contrôle*, c'est-à-dire une empreinte faite au moyen d'un poinçon, et indiquant que l'alliage est bien au titre légal. Mais, à cause de la difficulté d'obtenir exactement ce titre dans la fabrication, la loi *tolère* une petite différence, qui peut aller jusqu'à 3 millièmes pour l'or, et 5 millièmes pour l'argent.

Les frais de contrôle supportés par le fabricant sont de 200 francs par kilogramme d'or, et de 10 francs par kilogramme d'argent.

103. Change de banque. — Le change ne se compose pas seulement de négociations sur les billets de banque, les monnaies et les autres matières d'or et d'argent. On désigne aussi par ce nom une opération importante, au moyen de laquelle une personne peut effectuer un payement dans une ville plus ou moins éloignée de sa résidence, sans y faire transporter du numéraire.

Par exemple, un négociant de Paris a reçu pour 50000 francs de soieries d'un fabricant de Lyon. Au lieu d'envoyer cette somme en monnaie, ou en billets de banque, il la remet à un banquier de Paris en relation d'affaires avec un banquier de Lyon. Il en reçoit une lettre qu'il adresse au fabricant, et en échange de laquelle celui-ci reçoit du banquier de sa ville la somme qui lui est due. Cette lettre que le négociant a achetée chez le banquier de Paris est appelée *lettre de change*. On dit alors que le négociant a fait une *remise* au fabricant pour le payer (*).

Si le banquier de Paris est créancier de sommes plus ou moins considérables sur son correspondant de Lyon, il est bien aise d'avoir l'occasion de recevoir à Paris, sans exposer son argent aux risques et aux frais d'un transport, une partie de ce qui lui est dû; il paye alors cet avantage en faisant une diminution sur

(*) Voy. à l'Appendice la note concernant la rédaction de la lettre de change.

le prix qu'il exige pour la lettre de change de 50000 francs. On exprime cela en disant que le change de Paris sur Lyon est à *tant pour cent de perte*. Si au contraire le banquier de Paris a peu ou point de créances sur Lyon, il rend un service au négociant, et il le lui fait payer, en exigeant une certaine somme en sus des 50000 francs ; dans ce cas, le change de Paris sur Lyon est à *tant pour cent de bénéfice*. Le change est *au pair*, quand le prix de la lettre de change est égal à la somme qui y est indiquée.

Le fabricant de Lyon peut aussi retirer son argent par une voie différente. D'accord avec son débiteur, il fait une lettre de change portant ordre à celui-ci de payer à telle époque la somme due. On dit alors qu'il *tire* sur son débiteur, ou qu'il fait une *traite* sur lui. Le fabricant vend cette traite à un banquier de Lyon qui la transmet à son correspondant de Paris, et c'est à celui-ci que le négociant débiteur paye les 50000 francs.

Ainsi, dans le premier cas, le négociant débiteur achète une lettre de change pour son créancier ; dans le second, le créancier vend une lettre de change sur son débiteur.

Le prix variable d'une lettre de change pour une valeur nominale donnée est ce qu'on appelle *cours du change*. Il est coté à *tant pour cent de perte ou de bénéfice* entre deux villes de France, ou avec une ville étrangère qui a la même monnaie que nous, comme en Belgique, en Suisse et en Italie : c'est là le *change intérieur*.

Le *change extérieur* est celui qui s'effectue entre deux places de commerce de pays différents, et n'ayant pas la même monnaie, comme entre Paris et Londres. A Paris, le cours du change extérieur est indiqué par le nombre variable de francs et de centimes qu'il faut payer pour une valeur fixe de la place étrangère. Pour Londres, cette valeur fixe est la livre sterling ; pour Amsterdam, le florin de Hollande, etc.

Ce nombre variable de francs et de centimes porte le nom d'*incertain* ; la valeur fixe de la place étrangère est le *certain*. D'après cela on dit que Paris *donne l'incertain pour le certain*.

La lettre de change est payable *à vue*, c'est-à-dire au moment où elle est présentée au banquier chargé de l'acquitter, ou payable au bout d'un certain temps après la présentation : ce délai était autrefois appelé *usance*.

Une lettre de change dont l'échéance ne dépasse pas quinze jours est ce qu'on appelle *papier court;* c'est du *papier long,* quand l'échéance est plus éloignée.

Le bulletin de la Bourse publie chaque jour le cours du change à Paris, mais sans indiquer la valeur fixe de la place étrangère (*le certain*), qui est supposée connue de ceux qui s'occupent d'opérations de change.

Voici un extrait de la cote des changes du 30 avril 1869, complété par une 4e colonne indiquant le *certain.*

CHANGE	A VUE argent	A 20 JOURS argent	CERTAIN.
Amsterdam.	207 1/8	206 3/8	pour 100 florins.
Hambourg	183 3/8	183 5/4	— 100 marcs banco.
Berlin.	364 ·/..	565 1/4	— 100 thalers.
Londres	25 16 1/2	25 13 ·/..	— 1 livre sterling.
Madrid.	5 11 ·/..	5 11 ·/..	— 1 piastre.
Vienne.	2 01 ·/..	2 .. ·/..	— 1 florin courant.
Francfort.	208 1/4	207 1/2	— 100 florins du sud.
Pétersbourg.	5 20 ·/..	5 20 ·/..	— 1 rouble (argent).

D'après ce tableau on a payé à Paris 207 francs $\frac{1}{8}$ pour une lettre de change à vue de 100 florins sur Amsterdam; 25^{fr},13 centimes pour une lettre de change à 20 jours de 1 £ sur Londres, etc.

On distingue la *monnaie réelle,* la *monnaie de compte,* et la *monnaie de change.*

La monnaie réelle est celle qui existe sous forme de pièces métalliques, d'un poids et d'un titre déterminés, et marquées au coin de l'État.

La monnaie de compte est une valeur prise habituellement pour unité dans les affaires financières. C'est ordinairement une monnaie réelle, avec ses multiples et ses subdivisions ; par exemple le franc. En Angleterre la monnaie de compte est la *livre sterling*. Ce n'est que depuis 1818 qu'il y a une pièce d'or nommée *souverain*, dont la valeur (25^{fr},20) correspond à la livre sterling.

La monnaie de change ou de banque est une monnaie de compte, spécialement employée dans les opérations de change. C'est quelquefois une monnaie fictive; tel est le *marc banco* de Hambourg, qui désigne une valeur d'environ 1^{fr},88.

La valeur des monnaies étrangères, comparativement aux monnaies françaises, subit les variations du change. L'Hôtel des monnaies les reçoit à un prix généralement inférieur à la valeur courante (voy. le tableau à la fin du volume, page 117), et calculé sur un titre plus bas que le titre légal, comme on l'a indi-dans le problème 50.

PROBLÈME 53. — *Un négociant français doit à un fabricant de Londres une somme de 9256 francs. Pour le payer, il achète à Paris une lettre de change à vue sur Londres, au cours du tableau ci-dessus. Quelle doit être la valeur énoncée dans cette lettre en monnaie anglaise ?*

Cette valeur doit contenir autant de livres sterling qu'il y a de fois 25^{fr},165 dans 9256^{fr}. Il faut donc diviser 9256 par 25,165. Le quotient 367 exprime le nombre de livres sterling cherché. Il reste 20445.

La livre sterling se divi-sant en 20 shillings, on multiplie ce reste par 20, ce qui donne 408900. Ce produit divisé par 25165 donne le quotient 16, qui exprime le nombre de shil-lings, et le reste 6260.

Le shilling se divisant en 12 pence ou deniers, on multiplie ce reste par 12, ce qui donne 75120. Ce produit divisé par 25165 donne le quotient 2, qui exprime le nombre de deniers.

$$\begin{array}{r}9\ 2\ 5\ 6\ 0\ 0\ 0 \\ 1\ 7\ 0\ 6\ 5\ 0 \\ 1\ 9\ 6\ 6\ 0\ 0 \\ 2\ 0\ 4\ 4\ 5 \\ 2\ 0 \\ \hline 4\ 0\ 8\ 9\ 0\ 0 \\ 1\ 5\ 7\ 2\ 5\ 0 \\ 6\ 2\ 6\ 0 \\ 1\ 2 \\ \hline 7\ 5\ 1\ 2\ 0 \\ 2\ 4\ 7\ 9\ 0 \end{array} \quad \left| \begin{array}{l} 2\ 5\ 1\ 6\ 5 \\ \hline 3\ 6\ 7^{\text{l. st}}\ 1\ 6^{\text{sh}}\ 2^{\text{d}} \end{array} \right.$$

Comme le reste 24790 est presque égal au diviseur, il vaut mieux prendre 3 que 2 pour ce quotient.

La lettre de change portera donc une valeur nominale de 367 £ 16^{sh} 3^{d}.

OBSERVATION. — Les calculs relatifs aux changes extérieurs sont des calculs sur des nombres complexes. Mais l'opération se complique toujours de frais supplémentaires prélevés par les banquiers. C'est seulement par la pratique que ceux qui sont chargés de ces opérations parviennent à en connaître tous les détails.

104. Change indirect. Arbitrages (*). — Lorsqu'on a des fonds à faire passer d'une place dans une autre, il peut y avoir avantage à se servir d'une place intermédiaire. Supposons, par exemple, qu'un banquier de Paris doive 1500 marcs banco à Hambourg, et qu'à Paris le change avec Hambourg soit à 190, et par conséquent au-dessus du pair (le pair est 188), ce qui revient à dire qu'à Paris les marcs banco sont chers. Supposons qu'au même moment le change avec Hambourg soit à Londres à 13,90, c'est-à-dire 13,90 marcs banco pour 1 £, ce qui suppose que les marcs banco y sont à bon marché, attendu qu'au pair Londres donne 1 £ pour 13$^{\text{m·b}}$,64. Supposons enfin, pour simplifier, qu'entre Paris et Londres le change soit au pair, c'est-à-dire à 25^{fr},24 pour 1 £, et admettons qu'entre ces diverses places le cours du change soit réciproque.

Le banquier de Paris, s'il voulait faire des remises directes à Hambourg, devrait acheter 1500 marcs banco à Paris; mais il est clair qu'il aurait avantage à les acheter à Londres; pour cela, il pourra s'y prendre de la manière suivante. Il achètera à Paris du papier sur Londres, et il l'adressera à son correspondant de Londres en lui donnant l'ordre d'acheter lui-même du papier sur Hambourg et de l'adresser à son créancier de Hambourg. En d'autres termes, il fera des remises à son correspondant de Londres, en lui donnant l'ordre de faire lui-même des remises à Hambourg.

On demande le bénéfice que le banquier de Paris réalisera en suivant cette voie indirecte.

(*) Cet article sur le change indirect est extrait de l'excellent ouvrage de M. Sonnet, *Problèmes et Exercices d'arithmétique et d'algèbre*, 2 vol. in-8, chez Hachette et Ce. On y trouve traitées toutes les questions relatives aux opérations du change.

Si le banquier de Paris faisait des remises directes à Hambourg, il payerait le marc banco $1^{fr},90$.

Soit x le prix du marc banco par la voie indirecte, on aura les égalités suivantes :

$$x^{fr} = 1^{m \cdot b},$$
$$13^{m \cdot b},90 = 1£,$$
$$1£ = 25^{fr},21.$$

Si l'on multiplie ces trois égalités membre à membre, on obtient

$$x \times 13,90 \times 1 = 1 \times 1 \times 25^{fr},21,$$

en regardant comme abstraits tous les facteurs autres que des francs.

On tire de cette relation

$$x = \frac{1 \times 1 \times 25^{fr},21}{13,90 \times 1} = \frac{25^{fr},21}{13,90} = 1^{fr},81366\ldots$$

Le banquier gagnera donc par marc, en suivant la voie indirecte, $1^{fr},90 - 1^{fr},81366$ ou $0^{fr},08633\ldots$ ce qui fait pour les 1500 marcs 1500 fois $0^{fr},08633\ldots$ c'est-à-dire $129^{fr},495$ ou $129^{fr},50$.

On voit que *pour résoudre ce genre de questions, il suffit d'écrire successivement les égalités qui expriment le taux du change entre les diverses places, en ayant soin que l'espèce d'unités qui figure au second membre de chacune d'elles figure au premier membre de la seconde. Si l'on a écrit l'inconnue au premier membre de la première égalité, le second membre de la dernière exprime des unités de même espèce; on multiplie ces égalités membre à membre, et l'on obtient une nouvelle égalité, d'où l'on tire la valeur de l'inconnue.*

REMARQUES. — 1° Si le change entre Paris et Londres n'avait pas été au pair, il n'eût pas été aussi facile d'apercevoir à première vue si la voie indirecte était préférable à la voie directe; mais le calcul se serait effectué de la même manière. Comparer ainsi les deux voies, être soi-même *arbitre* en quelque sorte entre les deux méthodes, est ce qu'on appelle faire un *arbitrage*.

2° Lorsqu'on se sert d'une place intermédiaire, on a quelquefois à payer une commission de *tant pour cent*, dont il est nécessaire de tenir compte dans le calcul de l'arbitrage, parce qu'elle modifie le taux réel du change.

Reprenons l'exemple précédent en tenant compte d'une commission de $\frac{1}{2}\,^0/_0$ à payer au banquier de Londres, et en supposant pour varier un peu que le change à Paris sur Londres est à $25^{fr},45$.

Soit x le prix du marc banco par la voie indirecte, on aura d'abord comme ci-dessus

$$x^{fr} = 1^{m \cdot b},$$
$$13^{m \cdot b},90 = 1\,£,$$
$$1\,£ = 25^{fr},45,$$

d'où, en multipliant membre à membre,

$$x \times 13,90 \times 1 = 1 \times 1 \times 25^{fr},45,$$

et par suite

$$x = \frac{25^{fr},45}{13,90} = 1^{fr},8309\ldots$$

Mais la somme à payer au banquier de Londres se trouve augmentée, par l'addition de la commission, dans le rapport de 100 à $100 + \frac{1}{2}$, c'est-à-dire que cette somme se trouve multipliée par $\dfrac{100 + \frac{1}{2}}{100}$, ou par $1 + \dfrac{0,5}{100}$. Dans le calcul de l'arbitrage, le prix de la livre sterling ($25^{fr},45$) devra donc être remplacé par $5^{fr},45 \times \left(1 + \dfrac{0,5}{100}\right)$; par conséquent, on trouvera pour l'inconnue la valeur

$$x = \frac{25^{fr},45}{13,90} \times \left(1 + \frac{0,5}{100}\right),$$

c'est-à-dire que pour obtenir cette nouvelle valeur, il suffit de multiplier la précédente par $1 + \dfrac{0,5}{100}$, ce qui revient à *faire d'abord le calcul comme s'il n'y avait pas de commission et à ajouter ensuite $\frac{1}{2}\,^0/_0$ au résultat.*

En effectuant le calcul on trouvera

Ancienne valeur de x	$1^{fr},8309\ldots$
$\frac{1}{2}\,^0/_0$ de cette valeur	$0,0091\ldots$
Valeur nouvelle	$1^{fr},84$

Le nombre $1^{fr},84$ étant inférieur à $1^{fr},90$, il y a encore avantage à se servir de la voie indirecte, et l'on y trouvera un bénéfice de $0^{fr},06 \times 1500$ ou 90 francs.

APPENDICE

—

I

TABLEAU DU NOMBRE DE JOURS
COMPRIS ENTRE DEUX DATES DE MÊME QUANTIÈME, SOIT DANS LA MÊME ANNÉE SOIT D'UNE ANNÉE A LA SUIVANTE.

à	Janv.	Fév.	Mars.	Avril.	Mai.	Juin.	Juill.	Août.	Sept.	Oct.	Nov.	Déc.
De Janvier . .	365	31	59	90	120	151	181	212	243	273	304	334
Février. . . .	334	365	28	59	89	120	150	181	212	242	273	303
Mars.	306	337	365	31	61	92	122	153	184	214	245	275
Avril.	275	306	334	365	30	61	91	122	153	183	214	244
Mai	245	276	304	335	365	51	61	92	123	153	184	214
Juin.	214	245	273	304	334	365	30	61	92	122	153	183
Juillet	184	215	243	274	304	335	365	31	62	92	123	153
Août.	153	184	212	243	273	304	334	365	31	61	92	122
Septembre.. .	122	153	181	212	242	273	303	334	365	30	61	91
Octobre. . . .	92	123	151	82	212	243	273	304	335	365	3	61
Novembre.. .	61	92	120	151	181	212	242	273	304	334	365	30
Décembre. . .	31	62	90	121	151	182	212	243	274	304	335	365

1º *Chercher le nombre de jours du 8 mars au 8 septembre.*
On prend le nombre placé dans la ligne horizontale commençant à mars et dans la colonne verticale en tête de laquelle est septembre : on trouve 184.

2° *Chercher le nombre de jours du 10 octobre au 10 juillet.*
Le nombre cherché est 273 qui est dans la ligne commençant à octobre et dans la colonne placée sous juillet.

3° *Chercher le nombre de jours du 12 février au 25 novembre.*
D'abord du 12 février au 12 novembre, le tableau indique 273 jours. En y ajoutant 13 jours, on trouve 286 jours.

OBSERVATION. — Dans une année bissextile on ajoute 1 de plus, quand le dernier jour de février est compris entre les deux dates.

II

CAPITALISATION DES INTÉRÊTS (*).

Lorsqu'une somme reste placée pendant plusieurs années chez un banquier, sans qu'on retire les intérêts, elle se trouve augmentée au commencement de la deuxième année de l'intérêt qu'elle a produit pendant la première. Cette nouvelle somme, augmentée de l'intérêt qu'elle a produit au bout de la seconde année, fait une somme plus forte qui s'augmentera aussi de l'intérêt produit au bout de la troisième année, et ainsi de suite.

L'intérêt est ainsi converti en un capital produisant lui-même intérêt ; on dit alors que le capital est placé à *intérêts composés*.

Si on voulait calculer la valeur acquise par un capital placé à intérêts composés au bout d'un certain nombre d'années, il n'y aurait d'autres difficultés, d'après ce qui vient d'être dit, que la longueur des opérations. Cependant on peut trouver une règle plus prompte, comme on va le voir dans l'exemple suivant.

PROBLÈME. — *Quelle est la valeur qu'aura prise un capital de 650 francs, placé à intérêts composés au taux de 5%?*
En appliquant la règle VIII (n° 69), on trouve
Valeur au bout de la 1re année :

$$650 \times 1,05 ;$$

valeur au bout de la 2e année :

$$650 \times 105 \times 1,05 = 650 \times 1,05^2 ;$$

(*) Cette question ne fait pas partie du programme d'arithmétique de la deuxième année.

valeur au bout de la 3ᵉ année :

$$650 \times 1{,}05^2 \times 1{,}05 = 650 \times 1{,}05^3.$$

De ce résultat découle la règle suivante :

Pour trouver la valeur acquise par un capital placé à inté-rêts composés au bout d'un certain nombre d'années, il faut multiplier ce capital par 1 augmenté de l'intérêt annuel de 1 franc, élevé à une puissance dont l'exposant est égal au nombre des années.

Pour abréger les calculs on a formé des tables qui contiennent les valeurs acquises par 1 franc pour divers nombres d'années aux taux les plus usuels ; de cette manière il ne reste plus qu'à mul-tiplier la valeur de 1 franc par le capital donné.

TABLE DES VALEURS PRISES PAR 1 FRANC
A INTÉRÊT COMPOSÉ DEPUIS 1 AN JUSQU'A 20 ANS.

ANNÉES	4 %	4 ½ %	5 %	5 ½ %	6 %
1	1ᶠ,040000	1ᶠ,045000	1ᶠ,050000	1ᶠ,055000	1ᶠ,060000
2	1, 081600	1, 092025	1, 102500	1, 113025	1, 123600
3	1, 124864	1, 141166	1, 157625	1, 174241	1, 191016
4	1, 169859	1, 192519	1, 215506	1, 238825	1, 262477
5	1, 216653	1, 246182	1, 276282	1, 306960	1, 53 8226
6	1, 265319	1, 502260	1, 340096	1, 378843	1, 418519
7	1, 315932	1, 360862	1, 407100	1, 454679	1, 503630
8	1, 368369	1, 422101	1, 477455	1, 554687	1, 593848
9	1, 425312	1, 486095	1, 551328	1, 619094	1, 689479
10	1, 480244	1, 552969	1, 628895	1, 708144	1, 790848
11	1, 539454	1, 622853	1, 710339	4, 802092	1, 898293
12	1, 601052	1, 695881	1, 795856	1, 901207	2, 012196
13	1, 665074	1, 772196	1, 885649	2, 005774	2, 132928
14	1, 731676	1, 851945	1, 979932	2, 116091	2, 260904
15	1, 800914	1, 935282	2, 078928	2, 252476	2, 396558
16	1, 872981	2, 022370	2, 182875	2, 355263	2, 540352
17	1, 947900	2, 113377	2, 292018	2, 484802	2, 692773
18	2, 025817	2, 208479	2, 406619	2, 621466	2, 854559
19	2, 106849	2, 507860	2, 526950	2, 765647	3, 025600
20	2, 191123	2, 411714	2, 653298	2, 917757	3, 207135

III

BILLET A ORDRE (*)

Échéance 1er juin.   Paris, 1er mars 18...   B.P.F. 2623,60

A trois mois, je payerai, à l'ordre de MM. Michel et Cie, la somme de *deux mille six cent vingt-trois francs soixante centimes*, valeur reçue en marchandises.

THÉODORE.

Rue...... n° .....

« Le billet à ordre est daté. Il énonce la somme à payer; le
« nom de celui à l'ordre de qui il est souscrit; l'époque à la-
« quelle le payement doit s'effectuer, la valeur qui a été fournie
« en espèces, en marchandises, en compte ou de toute autre ma-
« nière. » (Code de commerce, art. 188.)

Le billet à ordre doit être sur papier timbré, car si on le faisait sur papier libre, et qu'à défaut de payement il fallût le faire
protester, il y aurait une amende à payer au fisc.

ORDRE. — Les mots *je payerai à l'ordre de MM. Michel et Cie*
indiquent que si Michel et Cie m'ordonnent de payer le montant
de mon billet à une autre personne, Pierre Lebègue par exemple, je le payerai à celui-ci, lorsqu'il se présentera porteur de ce
billet.

Si le billet portait simplement *je payerai à MM. Michel
et Cie*, il ne serait pas transmissible par voie d'endossement.

Les mots *à l'ordre* rendent donc l'effet négociable. Par ce
moyen, Michel et Cie peuvent le faire escompter, ou le donner en
payement de marchandises, le remettre enfin à une seconde personne, qui pourra le remettre à une troisième, et ainsi de suite.

(*) Cet article et le suivant sur la lettre de change sont extraits du *Cours
complet de tenue des livres et d'opérations commerciales, par Goujon et
Sardou*. 1 vol. in-8, chez Hachette et Ce.

Endossement. — Pour transmettre à Pierre Lebègue la faculté de recevoir à leur place le montant de l'effet, Michel et Cie écrivent *au dos* de cet effet ces mots : *payez ordre Pierre Lebègue, valeur reçue comptant* ou *en marchandises*, selon que Lebègue leur a donné en échange de l'argent ou des marchandises ; puis, à la suite de ces mots, Michel et Cie mettent la date et leur signature. Cette transmission par écrit s'appelle *endossement* ou *endos*.

Il arrive souvent que le propriétaire de l'effet, en le cédant à une autre personne, ne met que sa signature au dos de l'effet. Dans ce cas, aux yeux de la loi, il n'y a point transmission de propriété, mais simple procuration de négocier ou de toucher pour le compte du signataire.

Acquit. — A l'échéance, le dernier porteur d'ordre touche le montant de l'effet, et donne son acquit, en écrivant sur l'effet les mots *pour acquit*, suivis de sa signature et de son adresse.

Valeur reçue. — Par les mots *valeur reçue en marchandises*, je reconnais avoir reçu en marchandises, de Michel et Cie, la valeur de ces 2623fr,60.

Si Michel et Cie m'avaient donné de l'argent, j'aurais mis *valeur reçue comptant*. S'ils ne m'avaient rien donné, et que j'eusse fait ce billet pour payer Michel et Cie d'une partie d'une dette contractée envers eux, j'aurais mis *valeur en compte* ; enfin, *valeur pour solde de tout compte*, si le montant de ce billet acquittait entièrement ma dette.

Les mots *valeur reçue*, sans désignation de l'espèce de valeur, font perdre à un billet son caractère d'effet de commerce ; aux yeux de la loi, ce n'est plus alors qu'une simple promesse.

Les trois lettres B. P. F signifient *bon pour francs*. Cette indication n'est mise sur l'effet qu'à titre de renseignement. On peut en dire autant de l'échéance en chiffres placée en tête du billet.

Dans le corps de l'effet, tous les nombres doivent être écrits en toutes lettres ; aucun mot ne doit s'y trouver en abrégé.

IV

LETTRE DE CHANGE

Potier d'Orléans nous doit 13213^fr^,86. Supposons que Bavet de Paris ait besoin de faire un payement à Gauthier de Blois, et que Gauthier lui ait demandé du papier sur Orléans, c'est-à-dire des effets payables par une maison d'Orléans : nous *tirons* sur Potier la lettre de change suivante, et nous la remettons à Bavet, qui nous donne les 13213^fr^,86.

Échéance 4 juin.   Paris, 5 mars 18...   B.P.F. 13213,86

Au quatre juin prochain, payez, par cette seule de change, à l'ordre de M. Bavet, la somme de *treize mille deux cent treize francs quatre-vingt-six centimes*, valeur reçue comptant, que passerez suivant l'avis de

THÉODORE.

Monsieur Potier à Orléans.

ENDOSSEMENT DE LA LETTRE DE CHANGE.

DOS DE LA LETTRE

Payez ordre Gauthier, valeur en compte. Paris, 7 mars 18... BAVET.

Payez o/ Robert, valeur en marchandises. Blois, 20 mars 18... GAUTHIER.

Payez o/ Fusin, valeur reçue comptant. Orléans, 22 mai 18... Pour acquit, FUSIN.

Bavet est *porteur d'ordre* ou *bénéficiaire* ; la lettre de change sera payée à lui ou à ceux à qu'il transmettra, par voie d'endossement, la propriété de cette lettre.

« La lettre de change est tirée d'un lieu sur un autre. Elle est

« datée. Elle énonce la somme à payer, le nom de celui qui doit
« payer, l'époque et le lieu où le payement doit s'effectuer, la va-
« leur fournie en espèces, en marchandises, en compte, ou de
« toute autre manière.

« Elle est à l'ordre d'un tiers, ou à l'ordre du tireur lui-même.
« Si elle est par première, seconde, troisième, etc., elle l'exprime. »
(Code de commerce, art. 110.)

La lettre de change est faite sur papier timbré. Tout ce qui a
été dit ci-dessus pour le billet à ordre, quant à *l'échéance*, *l'ordre*,
la *valeur reçue*, les lettres B. P. F., *l'endossement* et *l'acquit*,
convient aussi à la lettre de change.

La loi dit que la lettre de change exprime si elle est par première, seconde, etc. On peut craindre en effet qu'une lettre de
change, tirée sur un lieu éloigné, ne vienne à s'égarer. Dans ce
cas, le tireur fait une seconde lettre pour le même objet : sur la
première, il a mis *payez par cette première de change;* sur la
seconde, il mettra *payez par cette seconde de change, la pre-*
mière ne l'étant ou *étant nulle.*

Les mots *que passerez suivant l'avis de* (du tireur) signifient
que *vous passerez sur mon compte,* ou *dont vous prendrez note,*
suivant l'avis que je vous en ai donné.

Ces derniers mots indiquent que nous prévenons Potier de la
traite que nous faisons sur lui. Si le tiré (Potier) nous avait an-
noncé que nous pouvions faire traite sur lui à telle échéance,
alors au lieu de *suivant l'avis,* nous dirions *sans autre avis,* etc.

La lettre de change peut être faite à l'ordre du tireur lui-
même, ce que le tireur indique de cette manière : *à l'ordre de*
moi-même, ou *à mon ordre.* Cela arrive quand le tireur fait la
traite avant de savoir à qui il la cédera, en d'autres termes avant
d'avoir un *preneur,* ou lorsqu'il n'a pas encore l'*acceptation* du
tiré ; mais alors la *valeur* est stipulée de cette manière, *valeur en*
moi-même. Le tireur passera ensuite sa lettre de change à l'ordre
du preneur, par un endossement.

Quelquefois le tireur d'une lettre de change, ou le *cession-*
naire d'un effet de commerce (celui qui a reçu l'effet), écrit sur
cet effet ces mots : *retour sans frais.* Cela signifie que, dans le
cas de non-payement, l'effet doit être retourné au cessionnaire ou
au tireur, sans protêt, c'est-à-dire sans frais contre le tiré.

V

TABLEAU DES PRINCIPALES MONNAIES ÉTRANGÈRES
AVEC LEURS VALEURS AU CHANGE DE L'HÔTEL DES MONNAIES.

(Extrait de l'*Annuaire du Bureau des longitudes*.)

Le système monétaire français est adopté en Belgique, en Suisse, en Italie et en Grèce. La monnaie des États-Romains est aussi la même que la monnaie française. En Italie, le franc s'appelle *lira*. En Grèce, il s'appelle *drachme*, et le centime *lepta*. La Suisse n'a pas de monnaie d'or.

OBSERVATION. — Nous avons expliqué (n° 100) comment les valeurs inscrites dans ce tableau ont été calculées d'après le tarif de l'Hôtel des monnaies. Nous croyons qu'il ne sera pas sans utilité d'indiquer en note au bas des pages les valeurs usuelles des monnaies de quelques pays étrangers, en faisant observer cependant qu'elles ne sont pas rigoureusement fixes, et qu'elles varient un peu avec le cours du change.

ANGLETERRE(*)		VALEUR	POIDS	TITRE LÉGAL.
Or.	Souverain	25^{fr},12	7^{gr},988	0,916
	½ Souverain	12, 56	3, 994	id.
Argent.	Couronne	5, 60	28, 276	0,925
	½ Couronne	2, 80	14, 158	id.
	Florin	2, 24	11, 310	id.
	Shilling (12 pence)	1, 12	5, 655	id.
	½ Shilling (6 pence)	0, 56	2, 828	id.
	4 Pence	0, 38	1, 885	id.
	3 Pence	0, 28	1, 414	id.
Cuivre.	1 Penny	0, 11	18, 900	»

(*) L'unité de compte est la livre sterling, équivalente au souverain. On prend ordinairement 25 fr. 20 pour sa valeur courante.

1 livre sterling = 20 shillings. — 1 shilling = 12 pence = 1 fr. 25.

Pièces de cuivre. — 1 penny (au pluriel pence) = 10 centimes. — half-penny = 5 centimes.

Pièces d'or. — Guinée (21 shillings) = 26 fr. 25. — ½ guinée = 13 fr. 12.

VALEURS DES MONNAIES ÉTRANGÈRES.

AUTRICHE (*)		VALEUR	POIDS	TITRE LÉGAL.
Or.	Krone.	54^{fr},39	11^{gr},111	0,900
	$\frac{1}{2}$ Krone.	17, 19	5, 556	id.
Argent.	2 Florins	4, 90	24, 691	0,900
	1 Florin	2, 45	12, 345	id.
	$\frac{1}{4}$ Florin.	0, 61	5, 341	0,520
	Double thaler (d'association) .	7, 35	37, 034	0,900
	Simple thaler (d'association).	3, 68	18, 517	id.
	10 Kreutzers..	0, 22	2, 000	0,500
	5 Kreutzers.	0, 11	1, 330	0,375

PRUSSE (**)		VALEUR	POIDS	TITRE LÉGAL.
Or.	Double frédéric.	41^{fr},20	13^{gr},364	0,903
	Frédéric.	20, 60	6, 682	id.
	$\frac{1}{2}$ Frédéric.	10, 30	3, 341	id.
	Couronne.	34, 39	11, 120	0,900
	$\frac{1}{2}$ Couronne.	17, 19	5, 560	id.
Argent.	Thaler, 30 gros ou silbergros.	3, 68	18, 519	id.
	$\frac{1}{6}$ de thaler.	0, 53	4, 677	0,520
	Double thaler (d'association) .	7, 28	37, 034	0,900
	Simple thaler (d'association).	3, 68	18, 517	id.

SAXE ET HANOVRE		VALEUR	POIDS	TITRE LÉGAL.
Or.	Krone.	34^{fr},39	11^{gr},111	0,900
	$\frac{1}{2}$ Krone.	17, 19	5, 556	id.
Argent.	Double thaler d'association. .	7, 58	37, 034	id.
	Thaler d'association	3, 68	18, 517	id.
	$\frac{1}{6}$ Thaler.	0, 53	4, 677	0,520

(*) L'unité est le florin ou gulden : valeur courante 2 fr. 50.
Pièces de billon : 3 kreutzers ; 1 kreutzer ; $\frac{1}{2}$ kreutzer = 0 fr. 012.
6 florins d'Autriche = 15 francs.

(**) L'unité est le thaler : valeur courante 3 fr. 75.
Pièces d'argent : 10 gros ; 5 gros ; 2 gros $\frac{1}{2}$; 1 gros = 0 fr. 125.
8 gros équivalent à 1 franc.
4 thalers = 6 florins d'Autriche = 15 francs.
Pièces de cuivre : 4 ; 3 ; 2 ; 1 pfennig.
1 pfennig est à peu près égal à 1 centime ; 360 pfennige = 375 centimes.

GRAND-DUCHÉ DE BADE, WURTEMBERG ET BAVIÈRE (*)		VALEUR	POIDS	TITRE LÉGAL.
Or.	Ducat.	11fr,75	3gr,490	0,986
	Krone.	34 39	11, 111	0,900
	½ Krone.	17, 19	5, 556	id.
Argent.	2 Gulden ou florins.	4, 21	21, 164	id.
	1 Gulden de 60 kreutzer . . .	2, 10	10, 582	id.
	½ Gulden.	1, 05	5, 291	id.

Le Wurtemberg et la Bavière ont aussi le thaler et le double thaler d'association de l'Autriche et de la Prusse. La Bavière a de plus les deux pièces de billon suivantes :

		VALEUR	POIDS	TITRE LÉGAL
¼ Florin.		0fr,61	4gr,578	0,520
6 Kreutzers.		0, 18	2, 550	0,333

RUSSIE (**)		VALEUR	POIDS	TITRE LÉGAL.
Or.	½ Impériale.	20fr,60	6gr,545	0,916
Argent.	Rouble (100 kopecks). . . .	3, 92	20, 511	0,865
	Poltinnick (50 kopecks). . .	1, 96	10, 255	id.
	Tchetvertak (25 kopecks) . .	0, 98	5, 127	id.
	Abassis (20 kopecks). . . .	0, 78	4, 079	0,750
	Florin polonais (15 kopecks).	0, 50	3, 059	id.
	Grivenik (10 kopecks) . . .	0, 39	2, 039	id.
	Piétak (5 kopecks).	0, 19	1, 019	id.

SUÈDE ET NORVÉGE		VALEUR	POIDS	TITRE LÉGAL.
Or.	Ducat.	11fr,66	3gr,482	0,976
	½ Ducat.	5, 83	1, 741	id.
Argent.	Riksdaler	5, 61	33, 925	0,750
	½ Riksdaler.	2, 80	16, 962	id.
	24 Skillings	1, 12	5, 970	0,878
	12 Skillings.	0, 56	2, 890	id.
	Spéciès riksdaler.	5, 58	28, 949	0,875
	½ Spéciès riksdaler.	2, 79	14, 474	id.

(*) Le florin du sud vaut usuellement 2 fr. 12.

7 Florins du sud = 6 florins d'Autriche = 4 thalers prussiens = 15 francs.

Pièces d'argent : 6 kreutzers ; 3 kreutzers = 10 centimes.

Pièces de cuivre : 1 kreutzer = 3 centimes ½ ; ¼ kreutzer = 1 centime.

Le ¼ kreutzer s'appelle aussi heller.

La pièce de 3 kreutzers est appelée gros sur la frontière française.

(**) L'unité est le rouble argent valant 4 francs.

2 roubles argent = 7 roubles (papier).

DANEMARK		VALEUR	POIDS	TITRE LÉGAL.
Or.	Double christian.	41^{fr},48	13^{gr},470	0,896
	Christian.	20, 74	6, 735	id.
	Frédéric.	20, 32	6, 600	id.
Argent.	Double rigsbankdaler. . . .	5, 55	28, 800	0,875
	Rigsbankdaler.	2, 77	14, 400	id.
	$\frac{1}{2}$ Rigsbankdaler.	1, 38	7, 200	id.

PAYS-BAS		VALEUR	POIDS	TITRE LÉGAL.
Or.	Double ducat.	23^{fr},48	6^{gr},988	0,983
	Ducat.	11, 74	3, 494	id.
	Double Guillaume.	41, 58	13, 458	0,900
	Guillaume	20, 79	6, 729	id.
	$\frac{1}{2}$ Guillaume	10, 39	3, 364	id.
Argent.	Rixdaler, 2 $\frac{1}{2}$ florins. . . .	5, 21	25, 000	0,945
	1 Florin (100 cents).	2, 08	10, 000	id.
	$\frac{1}{2}$ Florin.	1, 04	5, 000	id.
	25 Cents.	0, 50	3, 575	0,640
	10 Cents.	0, 20	1, 430	id.
	5 Cents.	0, 10	0, 715	id.
	$\frac{1}{4}$ Florin.	0, 50	3, 180	0,720
	$\frac{1}{10}$ Florin.	0, 20	1, 250	id.
	$\frac{1}{20}$ Florin.	0, 10	0, 610	id.

ESPAGNE (*)		VALEUR	POIDS	TITRE LÉGAL.
Or.	Doublon, 10 escudos. . . .	25^{fr},95	8^{gr},387	0,900
	—　　 4 escudos. . . .	10, 30	3, 3548	id.
	—　　 2 escudos. . . .	5, 19	1, 6774	id.
Argent.	Duro, 2 escudos.	5, 15	25, 960	id.
	Escudo.	2, 57	12, 980	id.
	Péséta, 4 réaux de veillon . .	0, 92	5, 192	0,810
	Média péséta.	0, 46	2, 596	id.
	Réal de veillon.	0, 25	1, 298	id.

(*) Valeur courante du réal : 26 centimes $\frac{1}{2}$. — 19 réaux = 5 francs.
Il y a une pièce d'argent égale à 5 réaux : c'est la *péséta fuerte*.
Valeur courante du douro : 5 fr. 26. — Écu : 2 fr. 62.
La piastre, monnaie de change, est équivalente à un douro.

PORTUGAL	VALEUR	POIDS	TITRE LÉGAL.
Or. Couronne de 10 milreïs. . .	55^{fr},88	17^{gr},735	0,917
— 5 milreïs. . .	27, 94	8, 868	id.
— 2 milreïs. . .	11, 17	3, 547	id.
— 1 milreïs. . .	5, 59	1, 774	id.
Argent. 5 Testons, 500 reïs. . . .	2, 52	12, 500	id.
2 Testons, 200 reïs. . . .	1, 01	5, 000	id.
Teston. . . 100 reïs. . . .	0, 50	2, 500	id.
½ Teston. . 50 reïs. . . .	0, 25	1, 250	id.

EMPIRE OTTOMAN	VALEUR	POIDS	TITRE LÉGAL.
Or. Medjidiéh d'or, 100 piastres.	22^{fr},48	7^{gr},150	0,916
Argent. Medjidiéh. . . 20 piastres.	4, 38	24, 035	0,830
Omlik. . . . 10 piastres.	2, 19	12, 017	id.
Bejlik. . . . . 5 piastres.	1, 10	6, 007	id.
Iklik. . . . . 2 piastres.	0, 43	2, 400	id.
Gersch, piastre, 40 paras. . .	0, 21	1, 200	id.

PRINCIPAUTÉS-DANUBIENNES	VALEUR	POIDS	TITRE LÉGAL.
Or. 20 Piastres.	19^{fr}.95	6^{gr},452	0,900
10 Piastres.	9, 97	3, 226	id.
5 Piastres.	4, 98	1, 613	id.
Argent. 2 Piastres.	1, 98	10, 000	id.
1 Piastre.	0, 99	5, 000	id.
½ Piastre.	0, 49	2, 500	id.

ÉTATS-UNIS	VALEUR	POIDS	TITRE LÉGAL.
Or. Double aigle, 20 dollars. . .	103^{fr},42	33^{gr},437	0,900
Aigle, 10 dollars	51, 71	16, 718	id.
5 Dollars.	25, 85	8. 359	id.
2 ½ Dollars.	12, 92	4, 180	id.
1 Dollar.	5, 17	1, 672	id.
Argent. Dollar, 100 cents.	5, 31	26, 729	id.
½ Dollar, 50 cents.	2, 65	13, 364	id.
¼ Dollar, 25 cents.	1, 32	6, 682	id.
Dime, 10 cents.	0, 53	2, 672	id.
½ dime, 5 cents.	0, 26	1, 336	id.

VALEURS DES MONNAIES ÉTRANGÈRES.

MEXIQUE	VALEUR	POIDS	TITRE LÉGAL.
Or. Onza de oro, quadruple pistole.	81^{fr},19	27^{gr},000	0,875
Double pistole.	40, 59	13, 500	id.
Pistole, 4 piastres.	20, 29	6, 750	id.
Escudo d'oro, $\frac{1}{2}$ pistole . . .	10, 14	3, 375	id.
Escudillo, $\frac{1}{4}$ pistole.	5, 07	1, 687	id.
Argent. Piastre, 8 réaux de plata . .	5, 55	27, 000	0,903
$\frac{1}{2}$ Piastre, 4 réaux.	2, 67	13, 500	id.
$\frac{1}{4}$ Piastre, 2 réaux.	11, 33	6, 750	id.
Réal de plata.	0, 66	3, 375	id.
Médio réal.	0, 33	1, 687	id.
Cuartillo, $\frac{1}{4}$ de réal. . . .	0, 16	0, 843	id.

RÉPUBLIQUE DU CHILI	VALEUR	POIDS	TITRE LÉGAL.
Or. Condor, 10 pesos.	47^{fr},18	15^{gr},253	0,900
Doblon, 5 pesos.	23, 59	7, 626	id.
Escudo, 2 pesos.	9, 43	3, 058	id.
Peso ou piastre.	4, 72	1, 525	id.
Argent. Piastre, 100 centavos. . . .	4, 96	25, 00	id.
50 cents.	2, 48	12, 50	id.
20 cents.	0, 99	5, 00	id.
1 décimo	0, 49	2, 50	id.
Medio-decimo.	0, 29	1, 25	id.

BRÉSIL	VALEUR	POIDS	TITRE LÉGAL.
Or. 20000 Reis.	56^{fr},31	17^{gr},926	0,916
10000 Reis.	28, 15	8, 963	id.
5000 Reis.	14, 07	4, 486	id.
Argent. 2000 Reis.	5, 15	25, 495	id.
1000 Reis.	2, 57	12, 747	id.
500 Reis.	1, 28	6, 373	id.

ÉGYPTE (*)	VALEUR	POIDS	TITRE LÉGAL.
Or. 100 Piastres	25^{fr},56	8^{gr},500	0,875
50 Piastres	12, 78	4, 250	id.
25 Piastres	6, 39	2, 130	id.
Argent. 10 Piastres	2, 48	12, 500	0,900
5 Piastres	1, 24	6, 250	id.
2 $\frac{1}{2}$ Piastres	0, 62	3, 120	id.
1 Piastre, 40 paras.	0, 25	1, 250	id.

(*) 11 Piastres égypt. $=$ valent 10 piastres turques.

TUNIS	VALEUR	POIDS	TITRE LÉGAL.
Or. 100 Piastres	60fr,29	19gr,492	0,900
50 Piastres	30, 19	9, 760	id.
25 Piastres	15, 01	4, 855	id.
10 Piastres	5, 93	1, 916	id.
5 Piastres	2. 92	0, 940	id.
Argent. 2 Piastres	1, 23	6, 194	id.

PERSE	VALEUR	POIDS	TITRE LÉGAL.
Or. Thoman de 200 schahis. . .	11fr,14	3gr,76	0,916
$\frac{1}{2}$ Thoman.	5, 57	1, 88	id.
Argent. Sachib-kéran, 20 schahis . .	2, 22	10, 40	0,920
Banabat, 10 schahis.. . . .	1, 11	5, 20	id.
Abassis, 4 schahis..	0, 44	2, 08	id.
Cuivre. Schahi.	0, 11	18, 10	»

EMPIRE INDO-BRITANNIQUE	VALEUR	POIDS	TITRE LÉGAL.
Or. Mohur, 15 roupies.	36fr,72	11, 664	0,916
$\frac{1}{2}$ Mohur ou double pagode..	18, 36	5, 832	id.
Pagode	9, 18	2, 916	id.
Argent. Roupie, 16 annas	2, 36	11, 664	id.
$\frac{1}{2}$ Roupie.	1, 18	5, 832	id.
$\frac{1}{4}$ Roupie.	0, 59	2, 916	id.
2 Annas ou $\frac{1}{8}$ de roupie . .	0, 29	1, 458	id.

VI

TABLEAU DES MESURES ANGLAISES CONVERTIES EN MESURES FRANÇAISES.

MESURES DE LONGUEUR.

Inch, pouce ($\frac{1}{36}$ du yard)	$0^m,025399$
Foot, pied ($\frac{1}{3}$ du yard)	0, 304794
Yard impérial	0, 914383
Fathom (2 yards)	1, 828767
Pole ou perch (5 yards $\frac{1}{2}$)	5, 02911
Furlong (220 yards)	201, 16437
Mile (1760 yards)	1609, 3149

MESURES DE SUPERFICIE.

Yard carré	$0^{mq},836097$
Rod (perch carré)	25, 291939
Rood (1210 yards carrés)	10^{ares}11, 67
Acre (4840 yards carrés)	40　46, 71

MESURES DE CAPACITÉ.

Pint ($\frac{1}{8}$ de gallon)	$0^{lit},5679$
Quart ($\frac{1}{4}$ de gallon)	1, 1359
Gallon impérial	4, 5434
Peck (2 gallons)	9, 0869
Bushel (8 gallons)	36, 3476
Sack (3 bushels)	$1^{hl},09, 043$
Quarter (8 bushels)	2, 90, 781
Chaldron (12 sacks)	13, 08, 516

POIDS (*).

TROY.

Grain (24e de pennyweight)	$0^{gr},064799$
Pennyweight (20e d'ounce)	1, 555175
Ounce (12e de livre troy)	31, 103496
Livre troy impér. (5760 grains)	373, 241948

AVOIRDUPOIS.

Dram (16e d'ounce)	$1^{gr},771846$
Ounce (16e de la livre)	28, 349540
Livre avoirdupois (7000 grains)	453, 592645
Quintal (112 livres)	$50^{kgr},802$
Ton (20 quintaux)	1016, 048

(*) Les poids *troy* sont employés pour les métaux précieux et les substances pharmaceutiques ; les poids *avoirdupois* pour toutes les autres matières.

D'après les étymologistes, *troy* tire son origine de *Nouvelle-Troie* qui, dans les vieilles chroniques, désignait la ville de Londres. *Avoirdupois* est un mot anglais, qui se prononce : *av-er-diou-poïz*.

VII

TABLEAU DE QUELQUES AUTRES MESURES ÉTRANGÈRES CONVERTIES EN MESURES FRANÇAISES.

La Hollande a adopté le système métrique sous les noms suivants :

Mètre, *el.*	Litre, *kan* et *kop.*
Décamètre, *ræde.*	Décalitre, *shepel.*
Kilomètre, *myl.*	Hectolitre, *vat* et *mudde.*
Mètre carré, *vierkante el.*	Gramme, *wichtje*
Hectare, *runder.*	Décagramme, *lood.*
Mètre cube, *cubiecke el.*	Hectogramme, *onsen.*
Stère, *wisse.*	Kilogramme, *pond.*

L'Espagne a aussi adopté le système métrique.

MESURES DE LONGUEUR

Presque chez toutes les nations on trouve pour unité le *pied* divisé en 12 *pouces*; mais cette unité n'est pas partout de même grandeur.

Autriche. . . Pied.	$0^m,316$	Mille.	$7^{km},586$
Prusse. . . . —	0, 314	Mille	7, 582
Russie. . . . —	0, 304	Werste	1, 607
Suède. . . . —	0, 297	Mille.	10, 688
Espagne. . . —	0, 282	Lieue commune.	5, 606
Portugal. . . —	0, 33	»	»
Turquie. — Archinn.	0, 76	Berri	1, 476

POIDS

La plupart des nations ont pour unité de poids la *livre* divisée en 16 *onces*; mais la livre varie d'un pays à l'autre.

Autriche.. . Livre.	560^{gr}	»	»
Prusse. . . —	500	Quintal	$50^{kgr}.$
Russie. . —	410	Tonneau. . . .	982
Suède . . . —	425	Last.	2449
Espagne . . —	460,87	Quintal.	46
Portugal . . —	459	Quintal. . . .	58,75
Turquie. — Oke..	1282	Cantar.	56,408

PROBLÈMES A RÉSOUDRE.

SYSTÈME MÉTRIQUE ET NOMBRES COMPLEXES.

1. Combien y a-t-il de degrés, minutes et secondes dans un arc qui est la 37 °partie de la circonférence?

2. Calculer en lieues le tour de la terre et en kilomètres la longueur de son rayon.

3. Chercher la distance qu'il y a de Bourges à Paris, l'arc de méridien qui unit ces deux villes ayant 1° 47'.

4. Un homme achète un jardin rectangulaire ayant 128 mètres de longueur et 69 mètres de largeur. Quelle somme aura-t-il à payer, si 2 hectares 8 ares de ce terrain ont coûté 13640^{fr}?

5. Une pile rectangulaire de bois à brûler a 2^m,4 de longueur, 1^m,6 de hauteur, et la longueur des bûches est de 1^m,4. Que coûtera-t-elle à raison de 13^{fr},65 le stère?

6. Quelle profondeur faut-il donner à un bassin rectangulaire qui a 6^m,45 de longueur et 3^m,75 de largeur, pour que sa contenance soit de 450 hectolitres?

7. Pour faciliter l'adoption d'une unité monétaire commune à toutes les nations, on a proposé de fabriquer une pièce d'or de 25 francs au titre des monnaies d'or françaises. Quel serait le poids de cette pièce?

8. On lit dans un livre qu'à une certaine époque l'aune d'une étoffe coûtait 7 livres 15 sous 9 deniers. Combien auraient coûté à ce prix 6 mètres de cette étoffe?

9. Une corde a une longueur qui, évaluée en anciennes mesures, est de 5 toises 4 pieds 8 pouces ; chercher en anciennes mesures la 15° partie de cette longueur.

10. Un Français possède en Angleterre un domaine de 68 ares qui lui a coûté 13000 livres sterling. A combien lui revient l'hectare?

INTÉRÊT. — ESCOMPTE. — ÉCHÉANCE COMMUNE.

11. On a placé un capital de 36870^{fr}, au taux de $4\frac{1}{2}$ %; quel est le revenu annuel qu'on en retire?

12. Quel est le capital qui, au taux de $5\frac{1}{4}$ %, produit chaque année un intérêt de 736^{fr}?

13. A quel taux a été prêté un capital de 2740^{fr}, s'il produit un intérêt annuel de 143^{fr},85 ?

14. Un homme avait prêté un capital de 850^{fr} pour 8 mois. Au bout de ce temps on lui rend 878^{fr},53 pour l'intérêt et le capital : quel était le taux ?

15. Au bout de quel temps un capital de 1250^{fr} a-t-il produit un intérêt de 76^{fr},85 au taux de 5 %$_0$?

16. Quel est le capital qui rapporte un intérêt de 855^{fr} au taux de 5 $\frac{1}{2}$ %$_0$ au bout de 2 mois 20 jours ?

17. Quelle est la somme qui avait été empruntée pour 7 mois 18 jours à 4 $\frac{1}{4}$ %$_0$, si l'intérêt payé au moment du remboursement a été de 621^{fr} ?

18. Un propriétaire vend au prix de 7548^{fr} l'hectare une prairie rectangulaire qui a 214 mètres de longueur et 158 mètres de largeur, et il place l'argent qu'il retire de cette vente à 5 $\frac{1}{4}$ %$_0$. Quel est le revenu qu'il a ainsi ?

19. Vaut-il mieux prêter 732^{fr} à 4 $\frac{1}{2}$ %$_0$ par an que 856^{fr} à 4 $\frac{1}{4}$ %$_0$?

20. Un marchand avait emprunté le 15 mai une somme de 56420^{fr} au taux de 4 $\frac{3}{4}$ %$_0$. Il la rembourse le 10 octobre avec les intérêts, ayant fait avec cette somme un bénéfice de 2435^{fr}. A-t-il gagné ou perdu avec cet emprunt ?

21. Un homme prête à un négociant 5750^{fr} pour 5 mois et 8 jours, à condition qu'à l'époque du remboursement il recevra pour le capital et l'intérêt 5800^{fr} : à quel taux l'argent est-il prêté ?

22. Un marchand qui a besoin d'argent trouve deux personnes qui lui en offrent le 1er juin. La première propose 1650^{fr} à 4 $\frac{1}{2}$ %$_0$ jusqu'au 20 juillet ; la seconde, 1570^{fr} à 4 $\frac{1}{4}$ %$_0$ jusqu'au 5 août. Quelle est celle des deux à laquelle il aurait à payer le plus fort intérêt ?

23. Un rentier a prêté au taux de 5 %$_0$ 738^{fr} le 14 février ; 640^{fr} le 12 mai ; 485^{fr} le 25 septembre. Quelle somme retirera-t-il au 31 décembre, capitaux et intérêts compris ?

24. Un rentier qui possédait dans une banque 8714^{fr},55 au 1er janvier, y dépose 468^{fr} le 5 avril, 672^{fr} le 8 mai et 956^{fr} le 10 juin. Quelle est la somme que lui doit la banque au règlement du 31 juin de l'année courante ?

25. Un homme présente à l'escompte chez un banquier un billet de 645^{fr} payable à 3 mois : quelle somme recevra-t-il, le taux de l'escompte étant 5 $\frac{1}{2}$ %$_0$ par an, avec $\frac{1}{8}$ %$_0$ comme droits de commission ?

26. A quel taux a été escompté un billet de 550^{fr} payable dans 5 mois, et qui a été réduit par l'escompte à 545^{fr} ?

27. Un homme cède le 12 avril à un créancier un billet de 956^{fr}

dont l'échéance est au 1er septembre, en à-compte d'une dette de 1200^{fr}. Que redoit-il encore au 12 avril ?

28. On veut payer le 1er juillet une dette de 614^{fr} avec un billet de 514^{fr} dont l'échéance est au 15 octobre. Quelle somme faut-il y ajouter, le taux de l'escompte étant $5\frac{1}{2}$ °/₀ ?

29. Deux billets, l'un de 416^{fr}, payable le 8 septembre, et l'autre de 462^{fr}, payable le 20 novembre, doivent être escomptés le 10 août au taux de $5\frac{1}{4}$ °/₀. Quel est celui qui vaut le plus au jour de l'escompte ?

30. Un négociant fait escompter le 5 juin chez un banquier : un billet de 738^{fr} payable le 22 septembre ; un billet de 613^{fr} payable le 15 octobre ; un billet de 548^{fr} payable le 20 novembre. Etablir le bordereau d'escompte au taux de $5\frac{1}{2}$ °/₀ avec $\frac{1}{6}$ °/₀ pour droits de commission. (Le *bordereau d'escompte* est une note présentant le compte détaillé des effets escomptés et de leurs valeurs au jour de l'escompte.)

31. Un banquier, escomptant le 10 mai un billet de 792^{fr} payable au 16 août, a donné seulement 782^{fr},35 : quel était le taux de l'escompte ?

32. Un homme qui avait emprunté une certaine somme à $4\frac{3}{4}$ °/₀, rend à la fin de l'année pour l'intérêt et le capital réunis 736^{fr},45. Quelle était cette somme ?

33. Un rentier a reçu le 15 juin 824^{fr},75, intérêt et capital, pour une somme qu'il avait prêtée le 1er mars au taux de 5 °/₀. Quelle était cette somme ?

34. Quelle différence y a-t-il entre les valeurs auxquelles se réduit un billet de 749^{fr} payable le 12 octobre, et escompté le 10 août par la méthode ordinaire et par l'escompte en dedans ?

35. Donner le tableau de l'escompte de 1000^{fr} par les deux méthodes pour 8 jours, 15 jours et 24 jours.

36. Un marchand achète trois pièces d'étoffe ayant chacune 42^m,50 à raison de 12^{fr},35 le mètre. Sa facture n'est payable que dans 3 mois. Quelle somme donnera-t-il en payant comptant, moyennant un escompte de $4\frac{1}{2}$ °/₀ ?

37. Un marchand reçoit une facture payable à 6 mois de 235 kilogrammes de sucre achetés à 97^{fr} les 100 kilogr. Pour solder cet achat il fait un billet à 3 mois moyennant un escompte de $5\frac{3}{4}$ °/₀, pour le temps dont le payement est devancé. Quel sera le montant de ce billet ?

38. Un homme a un compte chez un banquier. Au 1er janvier, il était créancier de la banque pour une somme de 9843^{fr},75. Il y dépose 645^{fr} le 8 février, 725^{fr} le 15 avril, et 1135^{fr} le 4 mai, D'un autre côté, le banquier a payé pour lui 560^{fr} le 25 février, 823^{fr},65 le 18 mai. Etablir le compte courant de cet homme au 30 juin suivant, par la méthode directe, le taux de l'intérêt étant 4 °/₀.

39. Établir le compte courant de la question précédente par la méthode indirecte, au même taux.

40. Un négociant est en compte courant avec un banquier, et par le règlement du 30 juin 1868 il est débiteur de la banque pour une somme de 5735^{fr},45. Il remet ensuite au banquier, le 8 août 2640^{fr}, le 12 octobre un billet de 815^{fr} à l'échéance du 30 novembre, et le 1er novembre un billet de 4250^{fr} à l'échéance du 15 décembre.

Pendant ce temps le banquier a acquitté pour lui le 10 septembre un billet de 762^{fr} à l'échéance du 31 octobre, et le 28 octobre une somme de 584^{fr}.

Établir le compte courant de ce négociant au 31 décembre suivant, au taux de 4 $\frac{1}{4}$ %, le banquier prenant un droit de $\frac{1}{6}$ % sur toutes les sommes qu'il a encaissées. (Méthode directe.)

41. Établir le compte courant du problème précédent par la méthode indirecte.

42. On remet à un banquier le 1er février trois billets : le premier de 934^{fr} payable le 15 avril, le second de 856^{fr} payable le 8 juin, et le troisième de 637^{fr} payable le 10 septembre, en échange d'un billet unique d'un montant égal au total de ces trois sommes. Quelle sera l'échéance de ce billet unique ?

43. Un négociant, pour payer un achat de marchandises, devait donner 350^{fr} le 1er mai, 400^{fr} le 1er juillet, et 550^{fr} le 14 septembre. Quelque temps après il propose à son créancier de lui faire un billet unique égal au total de ces trois sommes. A quelle époque arrivera l'échéance de ce billet ?

44. Un marchand de vins fait un achat et donne en payement : un billet de 1250^{fr} payable dans un mois ; un billet de 780^{fr} payable dans un mois et demi ; un billet de 645^{fr} payable dans trois mois. Quel est le montant et quelle est l'échéance d'un billet unique égal à la valeur totale de ces trois billets ?

45. Un homme qui a fait faillite offre 75 % à ses créanciers, en se réservant de donner 20 % dans 5 mois, 25 % dans 8 mois, et le reste dans un an, sans intérêt. Quelle est la valeur actuelle de l'offre qu'il fait, calculée sur le taux de 5 % ?

46. Un homme qui devait 1540^{fr} au 1er août, donne en à-compte 320^{fr} le 15 avril, et 760^{fr} le 8 juillet. A quelle époque a-t-il le droit de renvoyer le payement du reste ?

47. Un rentier ayant des fonds disponibles le 1er août, le 1er octobre et le 31 décembre, quelle somme doit-il donner à chacune de ces trois époques pour solder en trois payements un billet de 2750^{fr} qui est à l'échéance du 31 novembre ?

48. Établir la formule qui exprime l'escompte en dedans, en désignant par c le capital escompté, par t le taux, par n le nombre de jours compris entre le jour de l'escompte et l'échéance, et par e l'escompte.

49. Un billet à l'échéance du 15 août a été escompté le 1er avril au taux de 6 %. Trouver l'escompte retenu par le banquier (escompte commercial), en sachant que, par la méthode de l'escompte en dedans, la retenue aurait été de 184fr.

50. On a fait escompter le 1er mars un billet de 950fr au taux de 6 % chez un banquier, et on reçoit la même somme que si ce billet eût été escompté à 6 ¼ % par la méthode de l'escompte en dedans. Quelle était l'échéance du billet ?

RENTES ET FONDS PUBLICS.

51. Quelle somme aura-t-on à débourser pour acheter 640fr de rentes 3 % au cours de 71,25, en tenant compte du droit de courtage ?

52. Combien coûteraient 850fr de rentes 4 ½ % au cours de 93,45 ?

53. A quel taux place-t-on son argent, quand on achète de la rente 3 % à 71,15 ?

54. Quel devrait être le cours du 5 % pour qu'on pût acheter 2450fr de rentes avec un capital de 48260fr ?

55. Un homme veut convertir en rentes sur l'Etat un capital de 35400fr. Le 3 % étant à 70,45, et le 4 ½ % à 93,65, quelle est la rente la moins chère, et quelle serait la différence entre les deux prix d'achat ?

56. Une personne avait acheté du 5 % à 71,55. Quinze jours après elle est forcée de revendre à 70,65. Combien perd-elle pour cent, en tenant compte de l'intérêt de l'argent à 5 % pendant ce temps ?

57. Un homme qui possède 52400fr de rentes 3 % achetées au cours de 69,75, les revend un mois après au cours de 70,85. Calculer son bénéfice en tenant compte de l'intérêt de son argent pendant ce temps ?

58. Un spéculateur a acheté 1250fr de rentes 3 % au cours de 69fr,85. Il les revend 15 jours après à 70,25 et achète du 4 ½ % au cours de 91,55. Qu'a-t-il gagné ou perdu au bout de ces opérations ?

59. Un rentier qui possède du 3 % calcule que, par suite d'une hausse de 25 centimes qui vient d'avoir lieu à la Bourse, il en résulte pour lui une augmentation de 532fr pour son capital ; quelle somme de rentes possède-t-il ?

60. Un homme a acheté 520fr de rentes 3 % au cours de 70,15, ensuite 630fr au cours de 70,35, et enfin 860fr au cours de 70,40. Quel est le capital qu'il a déboursé, et quel est le cours auquel il aurait pu avoir la même quantité de rentes 4 ½ % avec la même somme ?

61. On achète le 8 mai 12 obligations du chemin de fer du Midi au cours de 324^{fr},55. Calculer le prix réel, le jour du détachement du coupon (1er juillet), en sachant que le coupon de 7^{fr},50 est réduit par l'impôt à 6^{fr},90. On tiendra compte de l'intérêt au taux de 5 %.

62. Un spéculateur achète le 1er janvier (après le détachement du coupon) 18 actions du chemin de Paris-Lyon-Méditerranée au cours de 891^{fr},25. A quel taux a-t-il placé son argent, si le dividende payé le 1er juillet suivant est de 60^{fr}, et s'il a payé $\frac{1}{8}$ % pour droits de courtage à l'agent de change qui a effectué l'achat ?

63. On achète 24 actions de la Banque de France au cours de 3305^{fr}, avec $\frac{1}{8}$ % de droit de courtage. A quel taux cet argent est-il placé, si la Banque donne un dividende de 154^{fr} ?

64. Un homme pour rembourser un emprunt vend 14 obligations du chemin d'Orléans au cours de 521^{fr},65 avec $\frac{1}{8}$ % de frais de courtage. Il ne retire ainsi que les 2 tiers de la somme qui lui est nécessaire. Quel est le montant de cette dette ?

65. Un homme emploie les 5 cinquièmes d'un héritage à acheter des actions du chemin du Nord au cours de 1165^{fr}. Il en a ainsi 24, abstraction faite des frais de courtage qu'il paye à part. Quelle est la valeur de cet héritage, et à quel taux place-t-il son argent, si la Compagnie donne un dividende de 70^{fr} ?

SOCIÉTÉ ET PARTAGES PROPORTIONNELS.

66. Trois ouvriers travaillant en commun ont fait un ouvrage pour lequel ils ont reçu une somme totale de 128^{fr}. Que revient-il à chacun, le premier ayant travaillé 8 jours, le second 7 jours, et le troisième 6 jours ?

67. Deux marchands associés réalisent à la fin de l'année un bénéfice de 16742^{fr}. Quelle doit être la part de chacun, le premier ayant mis dans l'association 52500^{fr}, et le second 48600^{fr} ?

68. Deux entrepreneurs s'associent pour faire creuser en 40 jours une tranchée pour le passage d'un chemin de fer. Le premier a fourni 24 ouvriers pendant les 52 premiers jours et 12 ouvriers de plus pendant les 8 derniers jours. Le second a d'abord fourni 25 ouvriers pendant 22 jours, et ensuite 6 ouvriers de plus pendant le reste du temps. La somme payée pour ce travail étant de 8275^{fr}, que doit-il revenir à chaque associé, si le second chargé de surveiller le travail doit prélever d'abord 5 % ?

69. Trois associés commencent un commerce avec 60000^{fr} qu'ils ont fournis par parties égales. Trois mois après, le premier apporte un supplément de 15400ᶠʳ, et 4 mois plus tard le second ajoute 16800ᶠʳ. A la fin de l'année, ils réalisent un bénéfice de 24618ᶠʳ. Que revient-il à chaque associé ?

70. Quatre personnes mettent de l'argent en commun pour une entreprise industrielle. La première fournit 12600ᶠʳ pendant un an ; la seconde 13400ᶠʳ pendant 8 mois ; la troisième 15800ᶠʳ pendant 7 mois ; la quatrième 12900ᶠʳ pendant 6 mois. L'entreprise terminée au bout de l'année rapporte un bénéfice de 13254ᶠʳ. Que revient-il à chaque personne, la première devant avoir une prime de 6 % sur le produit de l'entreprise qu'elle a gérée ?

71. Un homme fait distribuer 85ᶠʳ à trois pauvres, de manière que le plus vieux ait $\frac{1}{4}$ de plus que le second, et que celui-ci ait $\frac{1}{5}$ de plus que le plus jeune. Quelle somme chacun doit-il recevoir ?

72. Un vieux garçon en mourant laisse 48000ᶠʳ à partager entre ses trois neveux, de manière que le plus jeune ait les $\frac{3}{4}$ de la part du second plus 500ᶠʳ, et le second les $\frac{5}{6}$ de la part du plus âgé plus 600ᶠʳ. Quelle est la part de chacun ?

73. Une personne charitable veut partager une somme de 650ᶠʳ entre quatre enfants pauvres, en raison inverse de leurs âges. Que revient-il à chacun, leurs âges étant 15 ans, 12 ans, 11 ans et 8 ans ?

74. Deux personnes ont acheté en commun une pièce de toile. L'une pour payer a donné seulement les $\frac{2}{9}$ de l'argent fourni par l'autre qui avait fourni 21ᶠʳ de plus que la première. Le prix du mètre étant 1ᶠʳ,50, chercher le prix total de la pièce, et la part achetée par chaque personne.

75. On a employé pour défricher un terrain une troupe de 20 personnes, composée de 9 hommes, 6 femmes et 5 enfants, et on a payé 384ᶠʳ pour ce travail. Chercher ce que chaque personne a reçu, en sachant que la part de chaque femme devait être les $\frac{3}{4}$ de celle d'un homme, et que celle d'un enfant devait être les $\frac{2}{3}$ de celle d'une femme.

MÉLANGES ET ALLIAGES.

76. Un marchand de vin a rempli un tonneau de 125 litres avec 35 litres de vin à 45 centimes le litre, 40 litres à 30 centimes, et le reste avec du vin à 50 centimes. Quel est le prix du litre du mélange ?

77. Un marchand de blé a acheté 54 hectolitres de blé au prix de 21ᶠʳ,50 l'hectolitre, 62 hectolitres à 22ᶠʳ,65, et 38 hectolitres à 22ᶠʳ,85. Quel est le prix moyen de l'hectolitre de cet achat ?

78. On mêle ensemble 24 kilogrammes d'une farine d'une certaine qualité coûtant 45 centimes le kilogramme avec 38 kilogrammes d'une autre qualité coûtant 34 centimes le kilogramme. A quel prix faut-il revendre le kilogramme du mélange pour gagner 15 centimes par kilogramme?

79. On a mêlé 16 litres d'eau-de-vie du prix de 1^{fr},25 le litre avec 25 litres d'une autre eau-de-vie du prix de 1^{fr},50, et 3 litres d'eau. A quel prix revendra-t-on le litre de ce mélange pour gagner 15 % du prix d'achat?

80. Combien faudrait-il verser de litres d'eau dans 54 litres de vin du prix de 48 centimes le litre, pour que le litre du mélange revînt seulement à 40 centimes?

81. Pour obtenir du laiton on fond ensemble 5 kilogrammes de zinc avec 7 kilogrammes de cuivre. Combien devrait-on prendre de ces deux métaux pour faire une masse de laiton du poids de 65 kilogrammes? Quel en sera le prix, si le kilogramme de cuivre coûte 3^{fr},80 et le kilogramme de zinc 0^{fr},75?

82. Un aubergiste veut mêler du vin de 42 centimes avec du vin de 55 centimes, de manière que le litre du mélange lui revienne à 45 centimes; dans quelle proportion doit-il faire ce mélange?

83. Un marchand doit fournir un tonneau de 58 litres d'eau-de-vie du prix de 1^{fr},25 le litre. Pour cela il veut mêler de l'eau-de-vie coûtant 1^{fr},10 le litre avec de l'eau-de-vie coûtant 1^{fr},52. Combien doit-il mettre de litres de chaque qualité?

84. Un orfévre fond ensemble un bracelet d'or pesant 252 grammes au titre de 0,750 avec 124 grammes d'or fin et 18 grammes de cuivre. Quel est le titre de l'or ainsi obtenu?

85. Quel est le titre d'un lingot d'argent qu'on a obtenu en faisant fondre ensemble une boîte de montre en argent pesant 156 grammes au titre de 0,800, trois pièces françaises de 5^{fr} en argent, et 6 pièces d'argent anglaises nommées *couronnes* pesant 28^{gr},27 au titre de 0,925?

86. Un orfévre vient d'acheter deux lingots d'argent fin pesant l'un 8^{kgr},055 et l'autre 5^{kgr},452. Quel poids de cuivre doit-il y ajouter, pour qu'en les faisant fondre, il ait un lingot au titre de 0,850?

87. Deux lingots d'argent étant l'un au titre de 0,925, et l'autre au titre de 0,865, quels poids de chacun faut-il faire fondre ensemble pour avoir un alliage au titre de 0,900?

88. Un homme a des vins de trois qualités. La première coûte 25 centimes le litre, la deuxième 28 centimes, et la troisième 54 centimes. Combien doit-il prendre de litres de chaque qualité pour remplir un tonneau de 250 litres qui coûtera 75^{fr}?

89. On a trois lingots d'argent : le premier au titre de 0,750 du poids de 2^{kgr},158; le second au titre de 0,815 du poids de 5^{kgr},258; le troisième au titre de 0,875 du poids de 4^{kgr},514. Quels poids faut-il prendre de ces trois lingots pour obtenir 5 kilogrammes d'un alliage au titre de 0,820 ?

90. Un orfévre a de l'argent contenant 1 douzième de son poids de cuivre et de l'argent contenant 1 huitième de cuivre. Dans quelle proportion doit-il les mélanger pour obtenir de l'argent au titre monétaire de 0,835 ?

COMMERCE DE L'OR ET DE L'ARGENT. — CHANGE.

91. Évaluer en monnaie française une somme de 14 livres sterling 15 shillings et 8 deniers, le cours du change étant de 25^{fr},18 pour 1 livre sterling.

92. Un voyageur étranger arrivant à Paris présente à l'Hôtel des monnaies 28 ducats de Hollande (pièces d'or). Quelle est la valeur qu'il recevra en monnaie française, ces pièces étant reçues seulement au titre de 0,978 au lieu de leur titre légal qui est 0,983, et chaque pièce ayant son poids légal qui est de 3^{gr},494 ?

93. Un banquier achète à $\frac{3}{4}$ pour mille de prime un lingot d'or pesant 6^{kgr},284 au titre monétaire français ; huit jours après, il le revend à 1 pour mille de prime. Quel est le bénéfice qu'il réalise ?

94. Un homme porte à l'hôtel des monnaies 12^{kgr},562 de vieille argenterie qui est reconnue être au titre de 0,815. Quelle somme recevra-t-il en échange ?

95. Un orfévre a acheté à prime de 8 pour mille trois lingots d'argent ; le premier pesant 2^{kgr},136 argent fin ; le second pesant 3^{kgr},257 au titre de 0,920 ; le troisième pesant 4^{kgr},618 au titre de 0,915. Dresser le compte d'achat.

96. Un spéculateur vend à prime de 1 $\frac{1}{2}$ pour mille un lingot d'or pesant 2134 au titre de 0^{kgr},875, et avec la somme qu'il retire il achète des souverains (pièces d'or anglaises) au cours de 25^{fr},25. Combien en a-t-il ?

97. On veut faire passer 1250^{fr} à Saint-Pétersbourg, le cours du change à Paris sur Saint-Pétersbourg étant de 3^{fr},21 pour 1 rouble. D'un autre côté, on voudrait faire cet envoi par l'intermédiaire d'un banquier d'Amsterdam, le cours du change à Paris sur Amsterdam étant de 207^{fr} pour 100 florins, et celui d'Amsterdam sur Saint-Pétersbourg, étant de 190 florins pour 100 roubles. Quelle est la voie la plus avantageuse ?

98. D'après le cours des changes, 100 guinées anglaises valaient à une certaine époque 2625^{fr} ; 208^{fr} valaient 100 florins de Hollande, et 146 florins de Hollande valaient 15 frédérics d'or à Berlin. Combien valait à Londres une lettre de change de 36 guinées en frédérics d'or sur Berlin ?

99. Un négociant de Bordeaux veut payer une somme de 3500 florins à Amsterdam. Le cours du change à Bordeaux sur Amsterdam est à 209^{fr} pour 100 florins ; en même temps le cours sur Londres est à 25^{fr},17 pour 1 livre sterling, et celui de Londres sur Amsterdam est à 1 livre sterling pour 12 florins. Quelle est la voie qu'il faut prendre, s'il y a de plus à payer une commission de $\frac{1}{2}$ °/$_0$ au banquier de Londres ?

100. Un banquier de Paris doit payer 1520 thalers à Berlin, en prenant l'intermédiaire, soit d'Amsterdam, soit de Hambourg. Le cours du change à Paris est à 210^{fr} pour 100 florins sur Amsterdam, et à 188^{fr} pour 100 marcs-banco à Hambourg ; celui de Berlin sur Amsterdam est à 142 thalers pour 250 florins, et sur Hambourg à 152 thalers pour 300 marcs-banco. Quelle est la voie la plus avantageuse ?

PARIS. — IMP. SIMON RAÇON ET COMP., RUE D'ERFURTH, 1.